"十三五"普通高等教育本科部委级规划教材

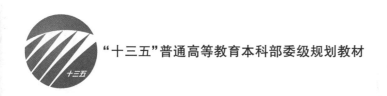

服装 CAD 应用教程

张辉　等　编著

中国纺织出版社有限公司

内 容 提 要

本书依托 CL03D 系统,以 CL03D 最新版 v5.0 为对象进行讲解。主要内容包括服装 CAD、CAM 研究及应用概况,二维服装 CAD 概述,三维服装 CAD 概述,CL03D 系统入门,2D 板片窗口工具,3D 工作窗口工具等基础知识。此外,通过 8 个具体实例详细讲述三维服装模拟过程中的关键技术与技巧,具有很强的实用性,每个实例都力争介绍几个操作知识点,由浅入深。最后一章针对计算机三维环境下的虚拟织物悬垂性能的研究方法进行了详细讲述,为提高虚拟服装的真实性研究提供一种可借鉴的方法。

本书适合作为高等院校服装设计与工程专业及服装艺术设计专业的教材使用,也可供服装企业技术人员研究参考。

图书在版编目(CIP)数据

服装 CAD 应用教程/张辉等编著.--北京:中国纺织出版社有限公司,2020.10
"十三五"普通高等教育本科部委级规划教材
ISBN 978-7-5180-7739-7

Ⅰ.①服… Ⅱ.①张… Ⅲ.①服装设计—计算机辅助设计—AutoCAD 软件—高等学校—教材 Ⅳ.①TS941.26

中国版本图书馆 CIP 数据核字(2020)第 145072 号

责任编辑:张晓芳　　特约编辑:张林娜　　责任校对:王花妮
责任印制:何　建

中国纺织出版社有限公司出版发行
地址:北京市朝阳区百子湾东里 A407 号楼　邮政编码:100124
销售电话:010—67004422　传真:010—87155801
http://www.c-textilep.com
中国纺织出版社天猫旗舰店
官方微博 http://weibo.com/2119887771
北京通天印刷有限责任公司印刷　各地新华书店经销
2020 年 10 月第 1 版第 1 次印刷
开本:787×1092　1/16　印张:14.5
字数:221 千字　定价:78.00 元

服装 CAD 技术日渐成熟,许多服装企业实现了服装设计与生产的信息化、自动化,传统人工服装生产逐渐被计算机或机械自动化所取代。服装 CAD 系统在服装行业的应用已非常广泛。设计师利用服装 CAD 系统绘制服装效果图,制板师利用 CAD 系统进行板型设计,目前最广泛、最成熟的应用主要集中在二维服装 CAD 系统方面。

三维服装 CAD 技术的研究开始于 20 世纪 80 年代,多年来一直是服装界的热门话题,但直到 2015 年之后才慢慢开始真正进入服装企业的设计流程,并逐渐表现出对业界的冲击力。利用三维服装 CAD 系统可以快速虚拟缝纫与试衣,以零成本方式创造无限可能,实时查看 3D 服装的效果,简化产品开发的流程,减少不必要的实际样衣制作过程以及运输成本,提高产品开发的效率。三维服装 CAD 系统不仅用于设计与生产,在网络定制时代,它更是定制流程中设计师与顾客的交互方式。目前,许多定制电商平台及服装品牌仍在持续研究及推进虚拟试衣及服装定制的销售模式。在大规模定制时代,三维服装 CAD 系统是服装 CAD 技术与其他系统的集成,是实现对市场快速反应中很重要的一环。

基于以上原因,我们编写了本书。第一作者从事服装 CAD 应用课程教学和研究工作已有三十多年时间,并开发了多款应用于纺织、服装领域的 CAD 软件,如纱线设计、面料设计、色彩管理、服装款式设计、服装立体贴图、三维服装展示、照相读板、数码印花等,在服装 CAD 系统研发与教学方面有着十分丰富的经验。张辉、郭瑞良两位老师编写出版了多种服装 CAD 教材。CLO3D 系统在北京服装学院的服装 CAD 应用课程教学中也开展了 10 年时间。本书的编写融入了编者多年的服装 CAD 教学经验,以目前 CLO3D 最新版 v5.0 为对象进行介绍,相信能够在很大程度上为服装企业和院校教学提供帮助。

本书除介绍系统工具外,主要通过 8 个具体实例详细讲述三维服装模拟过程中的关键技术与技巧,具有很强的实用性。每个实例都力争介绍几个操作知识点,由浅入深。书中第六章针对计算机三维环境下的虚拟织物悬垂性能的研究方法进行了详细讲述,通过虚拟织物与真实织物的悬垂性的对比分析,逐步建立了计算机三维环境下虚拟织物的属性参数与真实织物悬垂性指标之间的关系,为在三维环境下更准确地模拟服装的造型效果提供帮助,为提高虚拟服装的真实性研究提供一种可借鉴的方法。

本书由北京服装学院张辉、黎焰、郭瑞良三位老师共同编写,第一章由黎焰、张辉编写,第二章、第三章、第四章由张辉编写,第五章由张辉、黎焰、郭瑞良编写,第六章由张辉、周琦编写,最后由张辉统稿。周琦、王会威、韩新叶、云畅、杜宇轩在虚拟织物的悬垂性研究方面做了很多工作,在此表示衷心的感谢。

诚恳欢迎读者对书中的疏漏和错误之处给予批评指正。

编著者
2020 年 6 月

目 录

第一章　服装 CAD 概述

服装 CAD/CAM 是计算机辅助设计(Computer-aided Design)和计算机辅助生产(Computer-aided Manufacture)两个概念的缩略形式,就是利用计算机的软、硬件技术为服装设计、服装加工生产以及营销过程提供服务的一项专门技术。服装 CAD 实际上是服装工业发展中,为适应服装生产而产生的技术。它的发展是由社会环境、工业发展来决定的。

第一节　服装 CAD/CAM 研究及应用概况

按照目前的共识,工业 1.0 是蒸汽机时代,工业 2.0 是电气化时代,工业 3.0 是信息化时代。我们现在正处于工业 3.0 的中后期。工业 3.0 初期,即从 20 世纪 70 年代开始,工业生产开始应用电子与信息技术,制造过程自动化控制程度需求越来越高。在这种社会背景下,1972 年,服装 CAD/CAM 诞生了。随着科技高速发展,个人电脑及生活水平的提高,服装 CAD/CAM 软件日渐成熟,许多服装企业实现了服装生产的电子信息化,传统人工服装生产逐渐被计算机或机械自动化所取代。

在服装企业中,服装设计师利用服装 CAD 系统绘制服装效果图,进行服装与面料、色彩、图案的搭配设计;服装制板师利用 CAD 系统进行板型的设计、款式变化等,并快速进行放码、排料;面料设计师则可借助 CAD 系统进行各种类型面料的设计,包括机织、针织、印花等,还可以对面料的颜色、图案进行变化和组合;而营销人员则可以利用 CAD 系统进行产品的宣传与展示等。

设计完成后,服装 CAD 系统把处理好的纸样数据、排料数据信息等通过网络传输给服装 CAM 系统,即可通过自动裁剪系统等进行生产。服装 CAM 系统应用于产品的生产阶段,用于控制各种不同的生产、加工设备,比如自动裁床、由计算机控制的机织机和针织机等。这些设备在运行时,由计算机控制其活动部件的具体运动,并通过计算机将操作人员的指令传输给这些设备,从而完成生产。

服装 CAD 可以存储纸样数据,方便调用修改,缩短了设计周期,使得服装设计效率大大提高。服装 CAD 可实现自动推板,其排料功能也使排料更为直观、简单、快捷。服装生产的电子信息化、自动化使服装企业的生产适应现代服装快速反应的需求,向着小批量、多品种、短周期、高质量的方向发展。

20 世纪 90 年代,我国在计算机应用领域缩小了与发达国家的差距。这时期,国际上知名的服装 CAD 品牌进入了中国市场。但由于 CAD 软件昂贵,对设备、人员的要求高,2000 年以前,国内大多服装企业仍保留人工传统的服装生产方式,只有少量大型服装企业使用国外的服装 CAD/CAM 系统。同时,国内研发人员也陆续开发了国内的服装 CAD 系统,尤其是打板系统。国内服装院校也在这时期开始培养学生使用服装 CAD 软件。

2001 年,中国正式加入世界贸易组织,标志着中国的产业对外开放进入了一个全新的阶段。国内个人电脑、互联网的普及大大提高,服装 CAD 的操作员也日渐成熟,服装 CAD/CAM 在服装企业的引进率提高了。2000～2005 年,约 30% 服装企业引进了服装 CAD 系统。2005 年 1 月 1 日,全球纺织品配额取消,中国服装企业面临着巨大的商机,促使中国服装企业加速了信息化进程,服装 CAD 的普及率大大提高,尤其国产服装 CAD 软件,如日升、富怡等,在中小型服装企业得到了广泛的应用。

服装 CAD 系统包括面料设计、图案设计、服装设计、服装打板及放板、排料等功能。由于国内大多数企业使用的是国产服装 CAD 软件,国产服装 CAD 软件的服装打板及放板、排料功能非常成熟,而其他相关设计功能则较弱,因此,准确地说,在国内得到广泛应用的是服装 CAD 系统中的服装打板及放板、排料功能。服装 CAD 软件的服装设计功能包括了服装款式设计、立体贴图、三维服装设计等。其中,立体贴图功能可以实现同一款式多种不同面料的外观效果。三维服装 CAD 经过几十年的发展,也日渐成熟,开始真正地进入服装企业的设计流程。目前,国内大型服装企业对服装 CAD 的服装设计功能应用较多,而中小型服装企业应用较少。

21 世纪以来,中国的互联网得到了极大的普及和发展。2011 年起,中国移动互联网快速崛起。2013 年 4 月,德国政府正式推出"工业 4.0"战略,即利用物联信息系统(Cyber-Physical System 简称 CPS)将生产中的供应、制造、销售信息数据化、智慧化,最后达到快速有效的个人化的产品供应。工业 4.0 是利用信息化技术促进产业变革的智能化时代。2015 年 7 月 4 日,中国国务院印发《国务院关于积极推进"互联网+"行动的指导意见》。2015 年 5 月,国务院印发《中国制造 2025》,部署全面推进实施制造强国战略。同年 10 月,默克尔访华时,中德两国宣布,将推进"中国制造 2025"和德国"工业 4.0"战略对接。总体来说,现在是变革的时代,新的工业时代就要开启。

在互联网时代,流行趋势由少数高端品牌统治的时代一去不复返。互联网使人与人、人与厂商之间实现了低成本连接,从而让每个人的个性需求被放大了,人们越来越喜欢个性化的东西。移动互联网时代,人们移动指尖轻点,即可完成衣服的购买。时尚因此呈现出新的多元规律,常常瞬息万变。大规模定制时代即将到来,"一人一衣模式"被行业认为将更适合未来消费者的个性化需求,按需制造的量身定制 MTM(Made to Measure)服装生产方式变得越来越重要和流行。MTM 在 21 世纪初已悄然兴起。曾经有国外服装公司通过具有三维扫描的量身定制系统,进行服装单量单裁定制。但这需要客户上门量体而获得尺码信息,这种模式面对大规模的定制是无法适应的。服装企业比以往更需要高效的快速反应,MTM 需更多地依靠信息技术手段完成。早在十年前,国外出现了大量致力于在线试衣及服装定制的创业公司,比如 Metail、fits. me、Fitiquette、TrueFit、Constrvct、My virtual mode 等。但现在这些公司大部分发生了变化,比如 fits. me 于 2018 年宣布停止在线试衣及服装定制服务,而 TrueFit 则转化为服饰鞋履的人工智能搜索平台,很多服装品牌也在适应网络定制的环境。如 2019 年 4 月,H&M 首席执行官卡尔-

约翰·佩尔森(Karl-Johan Persson)接受记者采访时表示,未来一段时间内,H&M 将加强人工智能、AR 技术等数字化投资。H&M 正研发一项新型 AR 技术,智能机器可识别消费者轮廓。消费者可根据自身需求,选择不同尺寸的虚拟服装,通过机器搭配出不同场景的服装以满足需求,机器甚至可以通过不同肤色、样貌特征选择最适合自己的个性化商品。另外,H&M 也投资了服装 CAD 技术,用以测试衣服是否合身。

面向未来,服装计算机辅助设计 CAD 系统(Computer-aided Design)、计算机辅助生产 CAM 系统(Computer-aided Manufacture)、计算机辅助工艺过程设计 CAPP 系统(Computer Aided Process Planning)、企业资源计划 ERP 系统(Enterprise Resource Planning)、产品数据管理 PDM 系统(Product Data Management)需要全部连通,成为真正的计算机集成制造系统 CIMS (Computer Integrated Manufacturing Systems)。在信息技术、工艺理论、计算机技术和现代化科学管理的基础上,通过全新的服装定制及生产管理模式把信息、计划、设计、制造、管理经营等各个环节有机集成起来,根据多变的市场需求,使产品从设计、加工、管理到投放市场等各方面所需的工作量降到最低限度,避免了大量的产品以及原材料的库存,进而充分发挥企业综合优势,提高企业对市场的快速反应能力和经济效率。这时候,服装工业就进入了完全的自动化和完全的信息化时代,工业 3.0 此时圆满完成。在此基础上,当所有生产原材料、产品及生产设备都通过射频识别技术 RFID 赋予了无线通讯能力后,工业 4.0 的智能生产将得到实现。当然,CIMS 的研究早已启动,但离真正的完成却有很漫长的路要走。

服装制造业转型的核心是微型工厂的兴起,精简的工作流程无缝地将数据从生产链的一环传递到下一环,消除了错误和手工输入的需要。微型工厂的实现方便了按需生产,具有快速生产产品的能力,制造商可以在收到订单和付款后开始生产,允许更多的定制和个性化,甚至每一件服装都是定制。此时,服装 CAD 已不是单独的存在,而是 CIMS 的一部分,为未来服装企业的智能生产贡献力量。如服装 CAD 快速生成排料图,从而明确面料用量,进而通过集成系统检查面料的库存情况等。服装 CAD 系统集成化是工业 3.0 中后期的必然发展趋势。

面对智能化时代的到来,服装 CAD 的智能化也是未来发展趋势。智能服装 CAD 有两方面含义:一是服装 CAD 的人工智能模式,二是面向智能服装的服装 CAD 系统。

面向大规模服装定制,如果还以人工方式使用服装 CAD 进行款式及纸样设计,这将需要巨大的劳动力,MTM 很难真正实现。因此,服装 CAD 智能模式已成为近年来服装业的研究热点。根据目前的研究设想,服装 CAD 智能模式将完全由计算机完成设计工作。根据顾客的个性化定制数据,包括人体尺寸、服装款式、面料及其他个性化要求等,计算机自动调用已有的三维人体数据库、三维服装设计库、二维纸样库、面料库、图案设计库等来完成服装设计的全过程,并对设计完成的服装进行虚拟试穿,以测评其合体舒适性。同时,服装 CAD 也将通过 CIMS 集成系统对服装面料及其他原材料、生产设备等信息进行调用,以确保该设计可以最后完成生产。虽然服装 CAD 的人工智能模式听起来很不可思议,但实际上基础研究早已开始。

比起服装 CAD 的人工智能模式,面向智能服装的 CAD 则超出了传统服装 CAD 的模式。随着科技的发展,服装已突破了原有的保暖和美化的范畴,正在走向功能化与智能化。智能服装从 2016 年开始爆发,作为一种新型产业发展已经势不可挡。智能服装是指模拟生命系统,同时具有感知和反应双重功能的服装。它能感知外部环境或内部状态的变化,并通过反馈机制,实时地做出反应。为了实现上述监测及反馈,智能服装的智能分为两大类:一类是运用智能服装材料,包括形状记忆材料、相变材料、变色材料、智能凝胶纤维;另一类是可穿着技术,即将信息技术和微电子技术应用到服装的设计和制作中,包括导电材料、柔性传感器、无线通信技术、电源等。面向智能服装的服装 CAD 不再是普通服装的计算机辅助设计,而是对这两大类智能服装的智能化、功能化的辅助设计,因此更具有复杂性、不确定性。但相应的服装 CAD 研究也已启动。比如开发功能复杂的智能服装,需要对电子电路和计算机编程以及 Arduino 微处理器编程有深入的了解,很难快速掌握。针对这个问题,韩国开发了一种 CAD 软件,用直观的图形用户界面,将复杂的电子设备连接在一起,初始化所需要的基本代码,通过分析每个电路之间的连接状态,自动生成电路。这种可视化的电路设计和自动代码生成器,为智能服装的设计提供了方便。

在未来,工业 4.0 将是自动化和信息化不断融合的过程,也是用软件重新定义世界的过程。现实世界的多维将在虚拟世界得到体现,现实与虚拟将是同一个世界,难分你我。服装 CAD 是工业 3.0 时期的产物,在未来它是否会消融在一个强大的计算机集成系统里,成为一种设计功能的存在? 我们只能拭目以待。

第二节　二维服装 CAD 概述

一、辅助设计模块

所有从事面料设计、服装款式设计的人都可以借助服装 CAD 系统提高工作效率。设计工作传统上主要是手工操作,设计效率低,重复工作量很大,如色彩的变化、组合以及搭配。而 CAD 系统借助于计算机的高速计算能力及其巨大的储存量,使设计效率大幅度提高,据有关数据统计和企业应用调查显示,使用服装 CAD 可以比手工操作提高效率 20 倍。服装 CAD 系统的辅助设计模块以服装款式设计为中心,有些服装 CAD 系统的供应商还同时提供面料设计方面的 CAD 软件,如机织、针织面料设计,印花图案设计,色彩搭配组合等。服装 CAD 系统已成为一种信息交流的媒介,除用于服装款式设计外,还应用于广告设计、包装设计等。

(一)服装设计

利用服装 CAD 系统进行款式设计摒弃了传统设计的手工绘画方式。通过服装 CAD 设计软件,不仅可以使用各种画笔工具来描绘效果图,还可以把面料通过扫描替换到服装上,而且可以很方便地对设计图做出修改,一些服装设计软件还可以使用曲面工具来建立类似三维效果,这样在生产前,设计师就基本可以看到服装的大概效果,不但提高了效率,还可以节省产品开发的成本。目前,在服装企业中,设计方面应用比较广泛的 CAD 系统主要是立体贴图软件和款式设计软件。立体贴图软件是最早推出的服装 CAD 模块,可以同时表现同一款式多种不同面料的外观效果。实现这一功能,设计师首先在时装效果图或照片上勾画出服装的各个结构片,然后利用软件的网格工具根据衣片的经、纬纱方向设计曲面网格,就可以对照片上服装的面料进行更换了,更换面料后的服装仍然保持原照片的阴影和褶皱,效果十分逼真。利用这一模块,设计师可以在同一款式上进行各种颜色、面料的搭配组合。目前,国内外公司开发有服装立体贴图产品,如荷兰耐特(Nedgraphics)公司的 Easy Map Creator Pro,美国格柏(Gerber)公司的 Draping,法国力克(Lectra)公司的 PrimaVision 设计系统都可以实现立体贴图功能。国内也有一些公司及院校在这方面进行了一定的研究。图 1-1 为北京服装学院张辉博士研发的立体贴图系统。服装款式设计软件为一款基于矢量的图形设计软件,如美国格柏公司的 Designer,提供大量的服装、部件、配饰材质库,设计服装款式图十分方便、快捷。该软件还广泛应该于工艺单的设计制定上。图 1-2 为北京服装学院张辉博士研发的服装款式设计系统。

图 1-1　张辉博士研发的立体贴图系统

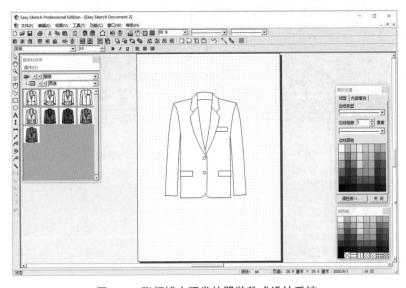

图 1-2　张辉博士研发的服装款式设计系统

(二)面料设计

设计师可以利用面料 CAD 系统设计纱线和织物结构,并可以快速看到织物的仿真效果,从而省去了很多打小样的时间。对不满意的织物,还可以在 CAD 系统里方便、快速地调整和修改,直到满意为止。CAD 系统的面料设计模块主要包括机织面料设计、针织面料设计、图案设计等。如在机织面料 CAD 系统中,设计师可以设计纱线、设计组织结构、设定纱线的排列规律、设置织物密度(经纱密度和纬纱密度),CAD 系统就可以在屏幕上显示出成品织物的仿真效果。机织 CAD 系统还可以很容易地表现出一些比较特殊的外观效果,如起毛、刷毛等。因此设计师借助机织 CAD 系统在很短的时间、花很少的费用就可以设计出理想的产品。由于机织 CAD 系统能够在屏幕上快速地模拟出织物的真实外观效果,设计师不必在织机上织出样品就可以评价设计思想的好坏。当然,利用 CAD 系统只能节省设计样品的工作程序和时间,而最终产品的手感、悬垂性、质量等还是需要通过真实的织物来体验。一般来说,打样工作都是比较昂贵而且要花费很长的时间,机织 CAD 系统的优点还是显而易见的。图 1-3 为北京服装学院张辉博士研发的机织面料设计系统。

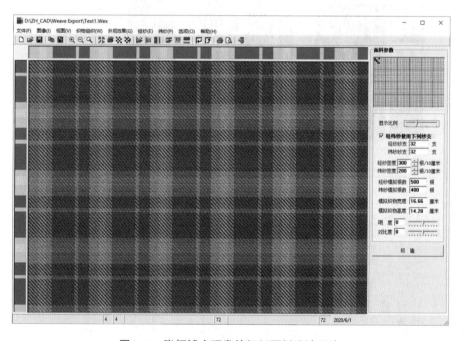

图 1-3　张辉博士研发的机织面料设计系统

二、辅助生产模块

(一)服装生产

在服装生产方面,CAD 系统应用于服装的制板、推板和排料等领域。利用 CAD 系统制板,省去了手工绘制的繁复计算和测量,不但速度快,准确度也高。板型师借助 CAD 系统还可能完成一些比较耗时的工作,如纸样的拼接、省道转移、褶裥设计等。服装 CAD 系统的推板、排料功能是出现最早的功能模块。计算机推板可分为点放码、线放码和规则放码等。一套复杂的纸样手工放码要将近一天的时间,而电脑放码只需要十几分钟。电脑排料自由度大,准确度高,可以非常方便地对纸样进行移动、调换、旋转、反转等,排好后用绘图仪打印出来就可以用于裁剪了,如果企业有自动裁床,还可以直接进行面料的裁剪,极大地提高了服装企业的生产率。

(二) 面料生产

在面料生产方面,CAD 系统主要应用于控制纺织加工设备,如针织机、机织机等。多数针织或机织 CAD/CAM 系统都是由针织或机织设备的生产厂家开发的,这些系统不仅可以用来控制生产设备,而且提高丰富的织物设计功能,简化由设计图稿向实际面料转化过程,并且可以在设计过程中随时进行修改。目前,虽然针织和机织 CAD 系统的操作方法依然没有太大变化,但系统操作人员的素质却发生了变化,要求他们既懂技术又有相当的美学素养和设计才能。CAD 系统的输出主要有两种方式:一种输出方式是 CAD 系统将织机所需的操作指令储存在移动存储设备上,或直接通过网络输入到织机;另一种方式是利用彩色打印机将设计结果打印在纸上,或者借助服装 CAD 系统立体贴图功能,展示利用所设计的织物制作出来的服装的外观效果。

第三节 三维服装 CAD 概述

三维服装 CAD 主要是指在 CAD 软件中把二维服装纸样进行模拟缝合,然后在数字人体模型上进行虚拟试衣,或者调用现有的模块进行组合设计,在虚拟模特上快速地设计服装造型,然后自动生成二维服装板片。通过观察虚拟着装效果,调整二维纸样来设计服装款式;调整材质等进行面料、色彩、图案等的搭配设计;调整服装工艺,并可以模拟多重服装覆盖效果,从而最终完成服装整体设计,三维服装与二维衣片之间可逆转换。另外,三维服装 CAD 还提供虚拟时装表演,观众可以从各个角度进行观看。

三维服装 CAD 的研究在 20 世纪 80 年代就已经开始,所涉及的关键技术包括三维人体测量、三维人体建模、三维服装设计、三维裁剪缝合、纺织品三维模拟及虚拟展示等方面的技术。其中,通过三维人体测量获取关键人体几何参数数据,通过三维人体建模生成虚拟的三维人体,建立静态和动态的人体模型,形成一套具有虚拟人体显示和动态模拟功能的系统。三维服装 CAD 在此基础上,在人体模型上模拟服装穿着效果,并将立体设计近似地展开为平面衣片。在三维人体测量中,通过激光测量法、立体摄影法、莫尔条纹法等扫描技术进行非接触性测量,可以积累大量人体数据,从而建立起人体数据库,包括不同性别、区域环境、年龄、人种、身高体重等的不同人体。在人体数据库的数据基础上,对三维人体进行建模。对于未来工业 4.0 时代,人体数据库具有重要意义。目前国内外都在进行各类人群人体数据库的建立。现在欧美国家已建立了较为完整的人体数据库系统,我国也在积极建设中。

在三维服装 CAD 中,对服装面料的粗细、软硬、弹性、密度、弯曲、厚薄轻重等特性进行仿真模拟,是很重要的一部分。一些三维服装 CAD 系统还提供常用织物库,不同的物理属性的面料会具有不同悬垂效果。在三维环境下,既可看到面料的着装效果,还可以根据需求应用粘衬、粘衬条和归拔等技术,以调整 3D 服装的合身性。另外,服装本身的工艺结构、服装因与人体的接触、而形成的悬垂、各种褶皱的变化,服装因为人体活动而造成的各种动态变化,都是纺织品三维模拟研究的范畴。

另外,将三维服装设计模型转换生成二维平面衣片,涉及把复杂的空间曲面展开为平面的技术,这是服装材料的柔性、平面性所决定的需求,也是三维服装 CAD 的难点。国内外学者做了多项研究工作,得到了复杂曲面展开的多种方法,有许多方法也已应用在三维服装 CAD 中。在二维 CAD 基础上的三维设计逐渐向智能化、物性分析、动态仿真方向发展,参数化设计向变量化和超变量化方向发展;三维线框造型、曲面造型及实体造型向特征造型以及语义特征造型等方向发展;组件开发技术的研究应用,还为 CAD 系统的开放性及功能自由拼装的实现提供了基础。

三维服装 CAD 多年来一直是服装界的热门话题,但 2015 年之后才慢慢开始真正进入服装企业的设计流程,逐渐表现出对业界的冲击力。瞬息万变的消费趋势已经彻底打乱了传统的时尚发展周期,如何快速响应市场变化是服装企业面临的问题。利用三维服装 CAD 可以快速处理数据,以零成本的方式创造无限可能,生成贴图、齐色样、对花对格等。通过实时查看 3D 服装的修改效果,简化产品开发的流程,减少不必要的实际样衣制作以及运输成本,缩短常规服装工艺的制作时间,提高产品开发的效率。

三维服装 CAD 是如何优化流程的呢?我们首先看看传统服装设计流程。服装设计师设计图案,绘制服装效果图,选择面料、辅料等。通过与客户沟通协调后,绘制服装结构款式图,标注尺寸并开具生产单交给制衣部门,由制板师打板,服装设计师与打板师需互相沟通,对设计构想与成衣纸样进行协调修改。然后,样衣工制作样衣,样衣寄给客户。这时一个月左右的时间已经过去了。在确定服装效果图后,客户并不了解后面的工作,无法介入设计过程。客户收到样衣后,提出修改意见。双方再进行沟通协商,然后修改制作,再寄出样衣,整个反复过程需要耗费大量时间。

使用三维服装 CAD 后,设计流程将得到优化,设计周期也会大大缩短。现在,服装企业,三维服装协作设计流程是这样的:服装设计师可以在三维服装 CAD 中调用类似的服装纸样,然后根据其基本的打板能力,在三维软件中粗略调整样板。然后把二维平面图转为立体穿着效果,通过修改模特参数、姿势,添加面料属性、图案、纹理贴图等,进行服装设计。最后三维服装 CAD 渲染出接近样衣的效果图。这时,效果图就可以传给客户,根据他们的意见在服装 CAD 上直接修改。最后,效果图交给生产部门,由样板师修改服装样板,制作样衣,再交给客户。由于客户参与服装的设计过程,样衣的采用率将大大提高,减少了反复制作样衣及寄送的过程。

三维服装 CAD 不仅用于设计与生产,在网络定制时代,它更是定制流程中设计师与顾客的交互方式。Metail 公司致力于解决网购服装无法试穿等问题,推出 3D 虚拟试衣间。用户只需要花 30 秒时间,上传图片以及三围数据,即可创建一个 3D 的个人模特模型。每次网购前,便可以直接利用该模特在 Metail 合作电商中"试衣"模拟,再现真实的穿衣效果。3D 虚拟试衣间就是借助了三维服装 CAD 软件 VStitcher 来完成的。目前,许多定制电商平台及服装品牌仍在持续研究及推进虚拟试衣及服装定制的销售模式。

在大规模定制时代,三维服装 CAD 是服装 CAD 系统与其他系统集成,实现对市场快速反应中很重要的一环。从服装创意设计到技术性样板设计,从产品概念到最终消费者,三维服装 CAD 贯穿了从服装设计、生产到商品化管理的整个过程。正如美国 Gerber 公司于 2018 年推出 AccuMark 3D 产品,这款三维服装 CAD 为服装设计与生产每一步赋予了独特的价值。服装设计师可以看到 3D 图像验证设计创意,从而决定将哪些设计引入技术设计,并使用高真实感渲染技术用于商品销售或营销。样板师、技术设计师和生产团队查看 3D 图像和 2D 服装样板,确保了服装制作在技术层面准确无误,并传送到生产环节,实现了无缝的工作流程。销售团队利用其陈列在电商网站上在线销售服装,并通过 Avametric 应用程序中的 AR 功能支持更交互的设计流程,为终端消费者带来个性化空间的时尚体验。

现在国外的一些三维服装 CAD 系统已基本能实现三维服装穿着、搭配设计并修改,反映服装穿着运动舒适性的动画效果,模拟不同布料的三维悬垂效果,实现 360° 旋转等功能。其中美国、日本、韩国等国家研究开发的三维服装 CAD 软件比较先进,包括法国力克(Lectra)公司的 Moderis V7、以色列 Browzwear 公司 V-stitcher、Optitex 的 3D Runway Desinger、日本 Technoa 公司的 i-Designer、韩国的 CLO3D、韩国首尔大学 DC-Suit 等。美国 Gerber 公司 2018 年推出的三维服装 CAD 系统 AccuMark 3D。

我国在三维服装 CAD 的人体测量、人体建模、纺织品仿真、虚拟显示、定制平台等方面也做了很多研究,但起步较晚,与国外的技术水平还有较大距离,目前只有香港科技和北京长峰科技公司、北京服装学院、中山大学、杭州爱科公司、深圳盈宁公司等近年来开始了服装三维覆盖模式款式试衣系统的开发,且仅有部分软件进入了商品化阶段。北京服装学院张辉博士研发了对面料搭配功能的三维服装展示系统,系统提供服装库及面料库,并可以根据需要进行扩充,见图 1-4。

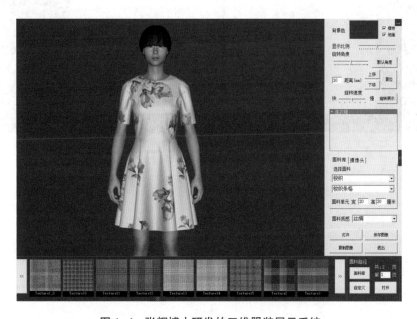

图 1-4 张辉博士研发的三维服装展示系统

第二章　CLO3D 系统入门

第一节　CLO3D 系统的界面

CLO3D 系统集成了虚拟缝制、试衣功能以及简单的纸样设计与编辑功能,使纸样的绘制与虚拟试衣功能能够在一个界面下完成。但是,CLO3D 系统的纸样设计工具只能用于比较简单的纸样绘制与处理操作,对于比较复杂的款式及纸样变化,还是使用专门的服装 CAD 纸样设计软件进行纸样的设计与处理会更加方便、快捷。CLO3D 系统主界面见图 2-1。

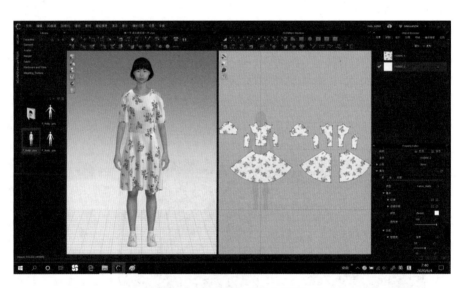

图 2-1　CLO3D 系统主界面

CLO3D 系统主界面为标准的 Windows 应用程序风格,包括菜单栏、工具栏,以及库窗口、3D 工作窗口、2D 板片窗口、对象浏览窗口(Object Browser),属性编辑窗口(Property Editor)5 个主要窗口。

在系统主界面右下角有四个工具按钮,用于设置系统主界面中各个功能窗口的显示排列方式,见图 2-2。点击按钮 ,2D 板片窗口和 3D 工作窗口将同时并排显示;点击按钮 ,将隐藏 2D 板片窗口,只显示 3D 工作窗口;点击按钮 ,将隐藏 3D 工作窗口,只显示 2D 板片窗口。当用户对主界面的各个工作窗口进行了拖拽、调整等操作后,只要点击按钮 ,就可以将主界面恢复为系统默认的排列状态。

图 2-2　系统主界面显示设置工具

一、菜单栏

菜单栏位于主界面的最上端,包括【文件】、【编辑】、【3D 服装】、【2D 板片】、【缝纫】、【素材】、【虚拟模特】、【渲染】、【显示】、【偏好设置】、【设置】和【手册】12 个菜单,每个菜单还包括多个子菜单,用于完成该类相应的功能。

二、工具栏

工具栏位于菜单栏下方,包括 3D 工作窗口工具栏和 2D 板片窗口工具栏,分别位于 3D 工作窗口及 2D 板片窗口的顶端,用于完成与 3D 操作、2D 操作相关的功能。工具栏与菜单栏的很多功能是重复的,读者可以根据自己的偏好选择使用工具栏还是菜单执行特定的功能命令。

三、库窗口

库窗口位于主界面的最左侧。窗口中包括了 CLO3D 所提供的材质资源,如服装(Garment)、虚拟模特(Avatar)、衣架(Hanger)、面料(Fabric)、配件(Hardware and Trims)。双击某一资源项目后,在库窗口下方则会列出该资源项目的资源内容列表。

服装库中包括男、女 T 恤各一件。双击服装项(Garment)后,在库窗口下将出现服装资源列表,见图 2-3。双击需要的服装,选中的服装将被调入 2D 及 3D 工作窗口中,在调入前,系统会弹出对话窗口询问服装调入的加载方式,如打开或增加。用户可根据实际需要进行选择。在任何项目下,双击列表中的第一个图标█,则可返回上一级列表。

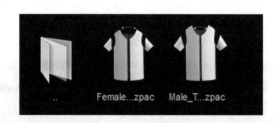

图 2-3　服装库资源列表

虚拟模特库(Avatar)包括三名男性模特、三名女性模特以及一名儿童模特,见图 2-4。

图 2-4　模特库资源列表

双击选择的模特后,资源列表中将显示出与该模特相关的选项,如头发、姿态、鞋子、模特贴图等,见图 2-5。可以先双击其中的模特图标,调入选中的模特,再根据需要依次进入其他选项中,进行头发、鞋子、姿态等的设置。

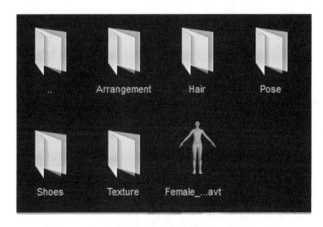

图 2-5　模特选择列表

衣架库(Hanger)中包括四个常用衣架,见图 2-6。可以分别用于悬挂夹克、长裤、衬衫以及西装等服装。

图 2-6　衣架库资源列表

面料库(Fabric)中存有大量常用的服装面料,包括棉、麻、丝、毛、化纤等各类产品,见图

2-7。用户可以双击需要的面料,面料将被调入当前的试衣项目中,并将显示在主界面右侧的"织物"列表中,方便统一对服装板片进行面料的设置;也可以将选中的面料直接拖曳至 2D 或 3D 工作窗口中的某一服装板片上,来设置当前板片的织物种类。

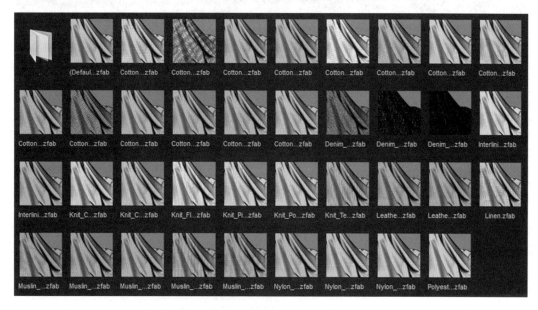

图 2-7　面料库资源列表

配件库(Hardware and Trims)包括与服装相关的一些配件资源,如皮带扣、纽扣、扣眼、装饰绳、蝴蝶结、金属环、垫肩、线迹、拉链等,见图 2-8。读者可以双击需要的配件项目,进入下一步的选择列表。如通过"纽扣、扣眼"——"纽扣"进入"纽扣"列表,见图 2-9。双击选中的纽扣,该纽扣将被调入当前的试衣项目中,并显示在主界面右侧"对象浏览窗口"的"纽扣"页中,方便统一对服装的纽扣进行设置。

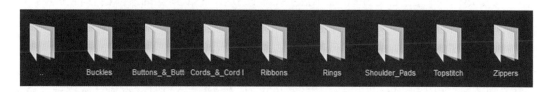

图 2-8　配件库资源列表

为了方便操作,可以将常用的文件夹添加到资源库中。单击位于图库右上角的【添加】图标"➕",将弹出"选择文件夹"对话窗口,找到要添加的文件夹,然后按【选择文件夹】键。该文件夹将出现在库资源列表中,方便快速打开。【下载】功能🔽用于下载系统的最新资源,点击该图标后,系统将自动开始下载。【重置】功能◀用于将库资源列表恢复为默认形式,用户添加的项目将从列表中消失。

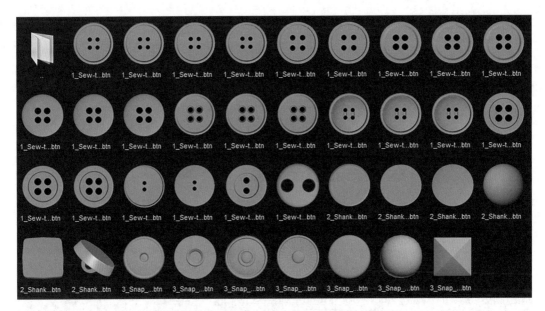

图 2-9　纽扣资源列表

四、3D 工作窗口

3D 工作窗口位于资源库窗口右侧。在 3D 工作窗口中,可以导入虚拟模特或人台,进行虚拟缝纫和模拟试衣的相关操作。3D 工作窗口上端为 3D 操作工具栏,左上角为 3D 显示选项工具栏,这两个工具栏的具体内容将在第四章详细介绍。

五、2D 板片窗口

2D 板片窗口位于 3D 工作窗口右侧。在 2D 板片窗口中,用户导入 DXF 格式的纸样文件,或利用 2D 板片窗口的工具进行简单的板片设计、编辑操作以及板片的缝纫操作。2D 工作窗口上端为 2D 操作工具栏,左上角为 2D 显示选项工具栏,这两个工具栏的具体内容将在本书第三章详细介绍。

六、对象浏览窗口

对象浏览窗口(Object Browser)位于主界面的右上角,列出了当前试衣项目所用到的资源,如场景、面料、纽扣、扣眼、明线等,用户可以通过点击相应的标签进行查看、选择,见图 2-10。

七、属性编辑器窗口

"属性编辑器"(Property Editor)窗口位于主界面的右下角,用于显示、编辑当前试衣项目中的虚拟模特、服装板片、织物、服饰配件等的属性参数,见图 2-11。

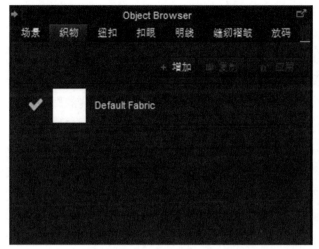

图 2-10　对象浏览窗口

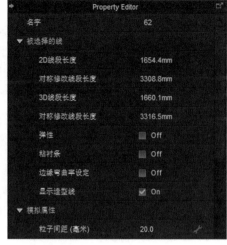

图 2-11　"属性编辑器"窗口

第二节　CLO3D 快速入门

由于 CLO3D 的菜单项及工具很多,全部介绍完需要很长的篇幅,并不利于初学者软件的快速入门与理解。所以本节先介绍一些虚拟试衣需要的常用菜单与工具,希望读者能够快速地了解和掌握 CLO3D 的虚拟试衣的基础功能。在此基础上,再在后续的章节中,对所有工具功能进行详细介绍。

一、【文件】菜单

CLO3D 软件的文件操作功能集中在【文件】菜单中。其中【新建】、【打开】、【保存】、【另存为】与其他常用软件的功能相同,只是文件类型有所不同。CLO3D 文件类型包括"服装""板片""虚拟模特""附件""姿势""头发/鞋"以及"项目"等。其中,"项目"是保存信息最多的文件类型,包括虚拟试衣用到的所有数据,如虚拟模特、服装、板片、织物、姿势等。用户可以根据实际需要,选择保存的文件类型。

【导入】功能是【文件】菜单中的很常用功能,用于将其他 CAD 软件所创建的资源导入到 CLO3D 系统中。初学者需要掌握的主要导入文件类型为服装纸样文件"DXF(AAMA/ASTM)",以及虚拟模特、附件及服装三维数据文件"OBJ"。

1. DXF(AAMA/ASTM)文件

DXF(AAMA/ASTM)是专门用于服装纸样数据传输的数据格式文件,该类型的文件通常储存有服装纸样的相关数据信息,可以从大多数服装纸样设计 CAD 软件产生、导入及导出。读者可以利用自己熟悉的服装纸样 CAD 软件进行服装纸样的设计与变化,纸样完成后,就可以将纸样导出为 DXF 格式的文件。然后再导入到 CLO3D 系统中进行虚拟缝制和试衣操作。选择【导入】——【DXF(AAMA/ASTM)】后,系统会弹出"导入 DXF"对话窗口,见图 2-12。

"导入 DXF"对话窗口有以下两点需要注意:

(1)加载类型。加载类型分为打开和增加 2 个选项。如果系统中已存在纸样,当选择"打开"时,系统利用当前将要导入的纸样替换以前的纸样,当选择"增加"时,系统将会保留已打开的纸样,将当前将要导入的纸样追加入当前项目中。"增加"选项可用于多件服装的虚拟试衣。当同时需要虚拟多件服装时,如衬衫、长裤、夹克衫。用户可以先导入最内层的衬衫纸样,进行虚拟缝纫与试衣,完成后再导入长裤纸样进行试衣,完成后再导入最外层的夹克衫纸样进行试衣,直至整套服装试衣完成。当然,对于多层服装,也可以分别进行虚拟试衣,然后分别保存各个服装项目,完成后再依次"添加"服装,设置层,再进行调整与模拟。

(2)比例。读者根据服装纸样 CAD 软件在导出服装纸样时选择的单位进行设置。纸样的导入单位必须与服装纸样 CAD 软件导出时的单位一致。否则纸样的比例与实际不符,模拟试衣操作将无法在虚拟模特身上正确执行。

图 2-12　导入 DXF 对话窗口

2. OBJ 文件

OBJ 文件是 Alias|Wavefront 公司为它的 3D 建模和动画软件"Advanced Visualizer"开发的一种标准 3D 模型文件格式,非常适合于 3D 软件之间模型数据的互导。几乎所有知名 3D 软件都可以创建、导入、导出 OBJ 文件,如 Maya、3DMax、Rhinoceros 等。用户可以利用 3D 软件创建自己的虚拟模特、服饰配件、甚至服装,导出 OBJ 格式文件,再导入 CLO3D 软件中进行虚拟试衣。选择【导入】——【OBJ】后,系统会弹出"导入 OBJ"对话窗口,见图 2-13。

图 2-13 导入 OBJ 对话窗口

在"导入 OBJ"对话窗口中,"加载类型"和"比例"选项与导入 DXF 文件含义相同,"物体类型"包括以下四个选项:

（1）读取虚拟模特。读取虚拟模特功能用于将导入的虚拟模特替代原先默认的虚拟模特。如果此时选中"自动生成安排点"，则系统自动生成适合导入的虚拟模特的安排点和安排板。但要注意，安排点仅适用于导入的虚拟模特 OBJ 文件是 T_Pose 或者 A_Pose 姿势，这两种姿势见图 2-14。

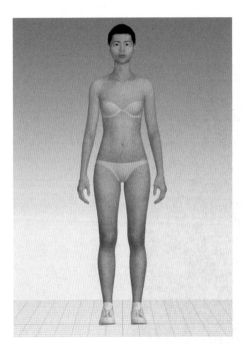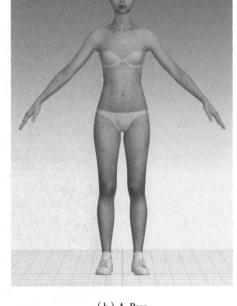

（a）T_Pose　　　　　　　　　　　　　　　（b）A_Pose

图 2-14　模特姿势示意图

（2）导入为附件。"导入为附件"功能用于将一个 OBJ 文件读取为附件，OBJ 文件作为附件导入后，在试衣时不会进行冲突处理，有可能会穿透服装。

（3）添加服装。添加服装功能用于将 OBJ 文件读取为 3D 服装。如果此时选中"在 UV 图中勾勒 2D 板片"，则系统将基于 UV 图信息生成 2D 板片。

（4）读取为 Morph Target。当系统中已经存在一个虚拟模特时，在选择导入 OBJ 文件时，在 OBJ 文件导入对话窗中的"物体类型"项才会出现这一选择。"读取为 Morph Target"功能会将导入的虚拟模特的初始姿势改变为指定姿势。输入"变形体帧数"，帧数越高，变形的速度越慢。但要注意的是，变形是根据一个 OBJ 转换到另一个 OBJ 文件的模式，对于 CLO3D 系统中的虚拟模特，用户可以通过"虚拟模特尺寸编辑器"或"显示 X-Ray 关节点"功能修改虚拟模特的姿势，但是由于没有绑定关节点或丢失关节点信息，用户无法在导入后轻易更改由其他 3D 软件创建的 OBJ 文件。因此，用户可以使用"Morph Target"功能来更改导入的 OBJ 的主体形状或姿势。但是如果需要这样做的话，用户需要两个及以上个具有相同网格结构的 OBJ 文件。

二、安排点

在虚拟试衣前,在 3D 工作窗口中,用户需要将服装板片尽量摆放在服装实际穿着时所在的模特部位附近,以使得服装可以正确地穿着在虚拟模特身体上。安排点是位于模拟模特身体周边的圆点,可以使操作者很方便、快速地将服装板片安置在虚拟模特的相应部位。在系统默认状态下,安排点是不显示出来的。用户可以通过按"Shift + F"键或通过菜单【显示】——【虚拟模特】——【显示安排点】,显示出虚拟模特周围的安排点。显示安排点的虚拟模特见图2-15。图中蓝色的圆点为用于定位服装板片的安排点。可以再按"Shift + F"键,使安排点隐藏不显示。

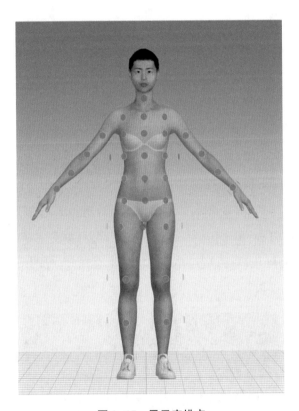

图 2-15　显示安排点

三、选择/移动工具

1. 2D 板片窗口的【调整板片】 工具

【调整板片】工具用于对 2D 板片窗口中的服装板片进行选择、移动等操作。

(1)选择板片。操作方法:单击【调整板片】 工具,再单击 2D 板片窗口中需要选择的板片,板片将被选中,同时以黄色高亮显示,见图2-16。如果需要选择多个板片,可以按下键盘的"Shift"键,依次单击所有需要选择的板片,所有单击的板片将被选中。

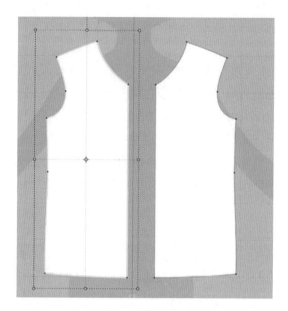

图 2-16　在 2D 板片窗口中选中板片

（2）移动板片。在【调整板片】▧工具状态下，在板片上按下鼠标左键并拖动鼠标移动板片，或者使用键盘上的方向键对选中的板片进行上、下、左、右方向的移动。

2. 3D 工作窗口【选择/移动】⊡工具

【选择/移动】工具用于对 3D 工作窗口中的服装板片进行的选择、移动、旋转等操作。

（1）选择板片。操作方法：单击【选择/移动】⊡工具，再单击选择 3D 工作窗口中服装的某一板片。被选择的板片将处于高亮状态，并且在板片上会出现一个用于移动、旋转板片的定位球，见图 2-17。

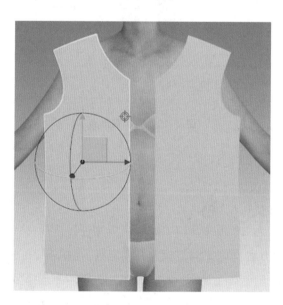

图 2-17　在 3D 工作窗口中选中板片

（2）移动板片。在【选择/移动】工具 的状态下，拖动定位球中间的黄色矩形，可以移动板片；拖动绿色圆弧可以沿水平面左右方向旋转板片；拖动蓝色圆弧可以沿顺时针或逆时针方向旋转板片，拖动红色圆弧可以沿前后方向旋转板片。

四、缝纫工具

缝纫工具用于设置服装各个板片之间的缝纫关系。可以根据实际服装缝纫方式，利用 CLO3D 系统的【线缝纫】或【自由缝纫】工具进行设置缝纫线，并利用【编辑缝纫线】工具对已创建完成的缝纫线进行编辑修改。这三个工具同时存在于 2D 板片窗口和 3D 工作窗口中。可以根据需要及操作习惯，自行选择在 2D 板片窗口或 3D 工作窗口进行缝纫操作。本节以 2D 板片窗口为例进行介绍。

1.【线缝纫】工具

【线缝纫】工具用于在线段（板片或内部图形/内部线上的线）之间建立缝纫线关系。

操作方法：单击【线缝纫】工具，将鼠标移至板片上准备进行的缝纫线上，此时该线会变为亮蓝色，并且在该线段上，在与鼠标位置近的端点一侧的线上，显示出一个类似剪口的小线段，同时在线的旁边位置显示出线段的长度值，见图 2-18（a）。单击鼠标选择该线段，移动鼠标至需要缝纫的另一条线上时，另一线段上同样会出现一个类似剪口的小线段，同时在线的旁边位置显示出线段的长度值，见图 2-18（b）。两条需要缝合在一起的这两个类似剪口的小线段用于表示两个板片缝合的方向。当沿线段移动鼠标时，缝纫线的方向也会发生变化。当鼠标移近线段的另一端点时，缝纫的方向将会发生翻转，见图 2-18（c）。当预览的缝纫线方向正确时，单击鼠标左键完成缝纫线的创建，见图 2-18（d）。在【线缝纫】工具操作的中间过程中，如果发现操作有误，可以按键盘"Esc"键、"Delete"键或"Backspace"键，则可以取消当前的线缝纫操作，然后重新开始【线缝纫】操作。

在 2-18（c）情况下，即当缝纫线交叉时，在试衣模拟过程中，板片中的一个将会发生方向的翻转，以与另一个板片进行缝合。当选择第二条缝纫线时，两条线段的长度与差值将会随着鼠标移动以蓝色字体方式显示，如果线段间的差值超过 2.54cm（1 英寸）则会显示为红色，来提醒用户将要缝纫在一起的两条线段长度差值过大。

2.【自由缝纫】工具

【自由缝纫】工具用于更加灵活、自由地在板片的周边线、内部图形/内部线之间创建缝纫线。创建缝纫关系的每一条线不仅可以是一条线段，也可以是由多条线段构成的折线或曲线。

操作方法：点击【自由缝纫】工具，将鼠标移至板片上需要缝纫的线上时，线上会出现一个亮蓝色点，代表缝纫的起始点，在线段的适当位置单击鼠标确定缝纫线起始点，如线段的端点或线上某位置。沿线移动鼠标，此时的起始点开始至鼠标当前位置的连续线会加粗显示，表示将要创建缝纫关系的第一条线，同时，在该线起点附近，显示出一个类似剪口的小线段，在线附近也会显示出当前的缝纫线长度，见图 2-19（a）。在需要创建缝纫线的终点处单击鼠标，完成

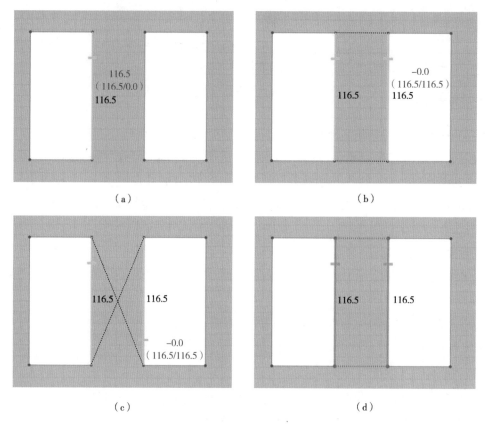

图 2-18 【线缝份】工具创建缝纫线

第一条线的选择。移动鼠标至与第一条缝纫线相对应的第二条缝纫线的起始点,并点击鼠标设置第二条缝纫线的起始点。移动鼠标,此时的第二条线从起点至鼠标所在的线段位置变粗显示,并且在线上出现的一个深蓝色指引点,该点表示与第一条缝纫线长度相同时的点的位置,见图 2-19(b)。单击鼠标第二条缝纫线的终点位置,完成创建自由缝纫,见图 2-19(c)。当选择第二条缝纫线时,线段的长度及其与第一条线的差值将会随着鼠标以蓝色字体方式显示,如果两条线之间的长度差值超过 2.54cm(1 英寸),长度差值数值将会显示为红色,来提醒用户两条缝纫线的长度差值过大。在【自由缝纫】工具操作的过程中,如果发现操作有误,可以按键盘"Backspace"键,以删除上一步的操作,或按键盘"Esc"键或"Delete"键,取消当前正在创建的该自由缝纫线的全部操作,然后重新开始【自由缝纫】操作。

创建自由缝纫线时,无论是第一条缝纫线还是第二条缝纫线,在缝纫线的终点处单击鼠标右键,系统会弹出"生成缝纫线"对话窗口,见图 2-20。在"生成缝纫线"对话窗口中输入缝纫线的长度数值,按【确认】键,可以精确设置将要创建的缝纫线的长度。

3.【编辑缝纫线】工具

【编辑缝纫线】工具用于选择/移动缝纫线、编辑缝纫线、调换缝纫线、删除缝纫线、检查缝纫线长度、在缝纫线开始/结束点增加点等。本节只介绍选择缝纫线、删除缝纫线、调换缝纫线,以方便用户快速入门操作,该工具的其他功能将在后一章节详细介绍。

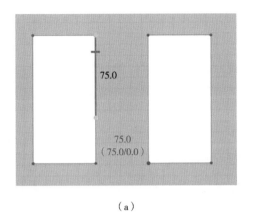
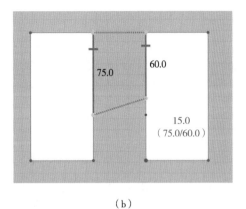

（a）　　　　　　　　　　　　　　　（b）

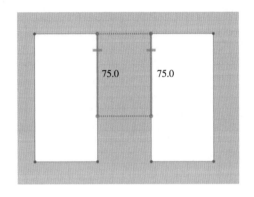

（c）

图 2-19　【自由缝份】工具创建缝纫线

图 2-20　生成缝纫线对话窗口

（1）选择缝纫线。操作方法:点击【编辑缝纫线】工具,在 2D 板片窗口中点击选择板片上已创建的缝纫线,被选择的缝纫线将高亮显示,并用虚线指向与它进行缝纫的线。

（2）删除缝纫线。操作方法:利用【编辑缝纫线】工具,选中缝纫线后,按键盘上的"Delete"键,或在被选中的缝纫线上单击鼠标右键,系统弹出菜单,选择"删除缝纫线",来删除已创建的缝纫线。

（3）调换缝纫线。当缝纫线已创建完成，但缝纫方向不正确时，一方面可以删除后重新创建，也可利用"调整缝纫线"功能调换缝纫线方向。

操作方法：利用【编辑缝纫线】工具，选中缝纫线后，按键盘上的"Ctrl+B"键，或在被选择的缝纫线上单击鼠标右键，系统弹出菜单，选择"调换缝纫线"，即可调换缝纫线方向。

五、模拟工具

3D 工作窗口上端的第一个工具就是【模拟】 ▼ 工具。【模拟】工具是一个开关式按钮，分别为激活或未激活状态。【模拟】 ▼ 工具在激活状态时，系统应用 3D 环境中的重力作用，根据构成服装的各个板片的缝纫线关系，将板片进行缝纫并模拟穿着效果。当用户单击【模拟】工具，系统处于"模拟激活"状态时，服装板片将因重力向地板下落。与此同时，如果 3D 工作窗口中存在虚拟模特，并且服装板片之间已创建完成缝纫线，则板片因重力作用下落的同时，板片之间将根据缝纫关系进行缝纫，实现虚拟试衣功能。在"模拟激活"状态下，用户可以利用鼠标拖拽服装的任一部位，对服装进行调整。试衣模拟完成后，可以再次单击【模拟】工具，使【模拟】工具退出激活状态。通常情况下，对于板片及服装的相关编辑操作均是在【模拟】工具未激活状态进行。所以，当模拟形态稳定了，模拟结束后，需要再次单击【模拟】按钮，退出"模拟激活"状态。

六、安排工具

3D 工作窗口上端的安排工具栏包括【重置 2D 安排位置】 ■、【重置 3D 安排位置】 ■ 两个工具。

1.【重置 2D 安排位置】 ■ 工具

【重置 2D 安排位置】 ■ 工具用于展平 3D 工作窗口中的全部板片，并且按照板片在 2D 工作窗口中的排列，在 3D 工作窗口中安排服装板片。

操作方法：点击【重置 2D 安排位置】 ■ 工具，系统将重置 3D 工作窗口中的全部服装板片。如果只想重置个别板片，可以选择 3D 工作窗口的【选择/移动】工具，并按下键盘上的"Shift"键，在 3D 工作窗口中选择多个板片后，并在选中板片上单击鼠标右键，在弹出的菜单中选择"重设 2D 安排位置（选择的）"，只重置所选择的服装板片。

2.【重置 3D 安排位置】 ■ 工具

【重置 3D 安排位置】工具用于将全部或选择的板片的安排位置重新恢复到模拟前的位置，使用此工具可以解决部分模拟后出现问题的情况。

操作方法：点击【重置 3D 安排位置】 ■ 工具，系统将重置 3D 工作窗口中的全部服装板片。如果只想重置个别板片，可以选择 3D 工作窗口的【选择/移动】工具，并按下键盘上的"Shift"键，在 3D 工作窗口中选择多个板片后，并在选中的板片上单击鼠标右键，在弹出菜单中选择"重设 3D 安排位置（选择的）"，所选择的服装板片将被重置到模拟前的安排位置。或者在完成样片选择后，按键盘的"Ctrl + F"键，将所选择的服装板片重置到模拟前的安排位置。

第三节 无袖女上衣的虚拟缝制

本节通过一个简单的无袖女上衣的缝制例子,利用本章第二节中介绍的主要工具,使读者对 CLO3D 中虚拟试衣的基本流程与方法有个基本的了解。虚拟试衣的基本流程主要包括八步,即选择与设置模特——导入服装板片——[调整、修改、编辑板片(如果需要)]——调整服装板片在 3D 工作窗口、2D 工作窗口的位置——创建缝纫线——模拟——调整参数重新模拟——保存项目。

一、新建项目,打开虚拟模拟

运行 CLO3D 软件,系统处于新项目状态,系统主界面窗口中既没有虚拟模特,也没有服装板片。如果已打开某试衣项目或资源,可以通过主菜单中的【文件】——【新建】,开始一个新的试衣项目。此时无论 2D 板片窗口、3D 工作窗口均为空白。

在系统主界面左上角的库窗口,双击"Avatar"(虚拟模特)项,在库窗口下将会显示出系统中提供的虚拟模特,见图 2-21。双击第二个模特"Female_Kelly",系统将进入下一级选择,见图 2-22。在该级选择中,包括模特的头发、姿势、鞋子、模特表面材质以及模特的安排点/板等。将鼠标光标移至该列表的最后一项"Female_.. avt"图标 ![] 上时,在系统主界面前将会预展显示出该虚拟模特的三视图,此时双击"Female_.. avt"图标,则该虚拟模特将会调入 3D 工作窗口中。

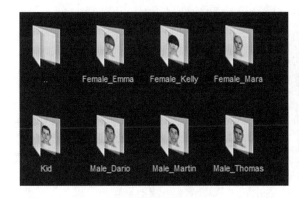

图 2-21 模特库

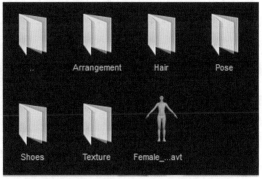

图 2-22 模特 Kelly 选项

模特调入 3D 窗口后,读者还可以利用库资源,继续对虚拟模特进行调整,如修改头发。双击模特 Kelly 选项列表中的"Hair"图标 ![],系统将进入头发选择列表,见图 2-23。双击需要的头发图标即可完成虚拟模特头发的更改。双击列表中的第一个图标 ![],该列表将回到上一级"模特 Kelly 选项",读者可以按照同样的方法调整虚拟模特的姿势、鞋子等。

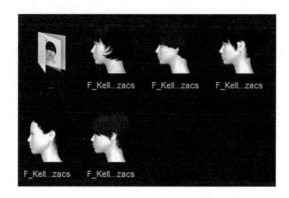

图 2-23　模特头发列表

　　当 3D 工作窗口中调入模特后,就要熟悉一下 3D 工作窗口的基础操作方法。将鼠标移入 3D 工作窗口,按下鼠标右键并移动鼠标,工作窗口中的物体如模特,将随鼠标的移动而发生旋转。转动鼠标中键,3D 工作窗口的物体将会放大或缩小显示。按下鼠标中键,并移动鼠标,3D 工作窗口的可视区域将随鼠标上下左右移动。

　　当显示比例、方位变化后,如果需要恢复显示,则可以在 3D 工作窗口单击鼠标右键,系统弹出菜单,在菜单中选择需要的显示视图的方位,如"前""后""左""右""上""下"等,3D 工作窗口中的物体将会按照用户的选择视图方式显示。也可以直接按键盘上的数字键,快速更改 3D 工作窗口的视图方式,如:1——3/4 右侧,2——前,3——3/4 左侧,4——右,5——上,6——左,8——后,0——下。

二、导入无袖女上衣的板片

　　本节所使用的无袖女上衣样片已在服装 CAD 软件中制作完成,并导出为 AAMA/ASTM DXF 格式。所以读者可以通过 CLO3D 的导入 DXF 文件功能,将其导入。选择主菜单中的【文件】——【导入】——【DXF(AAMA/ASTM)】,此时系统弹出对话窗口,提示"板片文件没有保存,要不要保存?",因为当前项目中显示没有板片,所以按"否"键即可。然后在系统弹出的"打开文件"对话窗口中选择需要导入的无袖女上衣 DXF 文件,按"打开"键后,系统弹出"导入 DXF"对话窗口,在"加载类型"项中选择"打开",在"比例"选项中选择"毫米",然后按"确认"键,完成板片的导入,见图 2-24。该无袖女上衣共包含 4 个板片:2 个前片和 2 个后片。

图 2-24　导入无袖女上衣板片

　　当 2D 板片窗口中调入服装样片后,也要熟悉一下 2D 板片窗口的基础操作方法。将鼠标移入 2D 板片窗口,转动鼠标中键,2D 板片窗口的显示区域将会放大或缩小。按下鼠标中键,并移动鼠标,2D 工作窗口的可视区域将会随鼠标上下左右移动。

三、将板片调整在虚拟模特的适当位置

在进行模拟之前,需要将服装的所有板片均放置在虚拟模特身体的适当位置,当各个板片的摆放位置与实际穿着时的相对位置基本一致时,才会使服装的模拟试衣更为正确有效。在 3D 工作窗口中,可以利用【选择/移动】工具来移动板片。将样片调整到适当的位置,在大多数情况下,利用"安排点"来排列板片是最方便快捷的方法。

当将无袖女上衣板片导入工作窗口后,无袖女上衣的 4 个板片会自动排列在模特身前,板片有可能会挡住"安排点",不方便进行"安排点"的操作。因此请先利用【选择/移动】工具,结合键盘的"Shift"键选中 3D 工作窗口中的所有 4 个板片,并将其移动至较低的位置,见图 2-25。然后在 3D 工作窗口的任意空白区域单击鼠标左键,取消板片的选择。按键盘的"Shift+F"键,在 3D 工作窗口的虚拟模特周边将显示出蓝色的"安排点",见图 2-26。

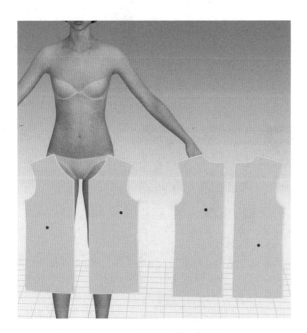

图 2-25　向下移动 3D 板片

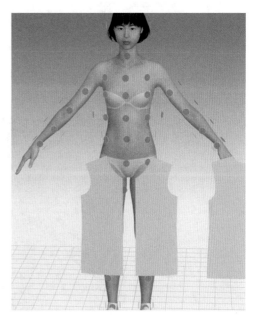

图 2-26　显示安排点

在 3D 工作窗口中,在【选择/移动】工具状态下,单击选中位于模特右侧的女上衣前片,然后移动鼠标至"安排点"。当鼠标移至蓝色安排点上时,系统会以透明的暗色形式预示板片的放置方式。在本例中,将鼠标移至模特腰部右前侧的安排点上,此时,板片预示的放置位置见图 2-27。单击该安排点,则该前片放置完成,见图 2-28。按同样方法,选择衬衣的另一个前片,利用安排点方式,放置在模特身体的另一侧。女衬衣 2 个前片放置完成,见图2-29。

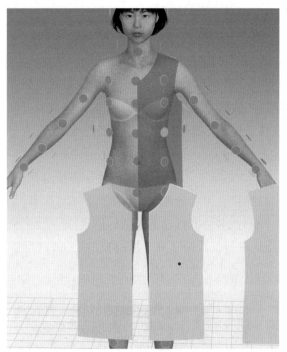 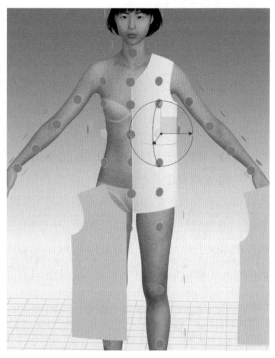

图 2-27　右前板片放置位置预览　　　　　图 2-28　右前板片放置完成

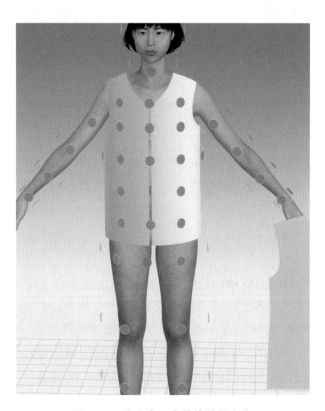

图 2-29　女上衣 2 个前片放置完成

在 3D 工作窗口按下鼠标右键,并沿水平方向移动鼠标,或直接按键盘上的数字"8"键,将 3D 工作区的视图变为后视图,见图 2-30。

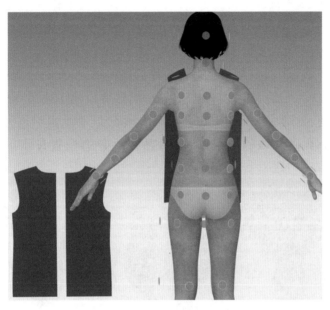

图 2-30　后视图

选择一个后片,再根据该后片对应的模特身体的位置,点击模特身体后侧的腰部安排点,将其放置在正确的位置上。同理再放置另一个后片。两个后片放置完成,见图 2-31。按数字键"2",3D 工作窗口恢复为前视图状态。按键盘上的"Shift+F"键,关闭安排点显示。

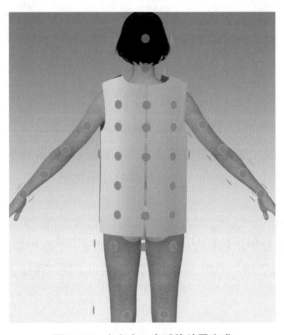

图 2-31　女上衣 2 个后片放置完成

四、创建缝纫线

1. 缝合前中缝线、后中线

在 2D 板片窗口中,利用鼠标中键的功能对工作区进行放大和移动,以方便对 2 个前片进行缝纫操作。

选择【线缝纫】工具，将鼠标移至一个前片的前中线上,此时该线会变亮,同时在该线段上、在靠近鼠标位置的一端附近,会显示出一个类似剪口的小线段,同时在线的旁边位置显示出线段的长度值,见图 2-32(a)。单击鼠标选择该线,移动鼠标至另一前片的对应线上时,同样会出现一个类似剪口的小线段,同时在线的旁边位置显示出线段的长度值,见图2-32(b)。

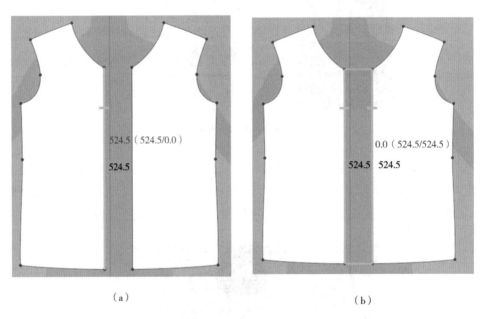

(a)   (b)

图 2-32 缝纫前中线

两条需要缝合在一起的前中线上的这两个类似剪口的小线段表示进行缝合的方向。沿线移动鼠标时,缝合方向会发生变化。确定缝合方向一致后,单击鼠标左键完成前中线缝纫线的创建。同理,利用【线缝纫】工具,创建 2 个后片的后中线的缝纫线。前、后中线缝纫完成后见图 2-33。

2. 缝合前、后片肩线

利用【线缝纫】工具,分别将相对应的一个前片肩线与一个后片肩线缝合,缝合时同样要注意缝合线方向。缝合完成后的一个肩线示意图见图 2-34。同理再缝合另一条肩线。两个肩线缝合完成见图 2-35。

3. 缝合侧缝线

前、后片的侧缝线不是一条直线,分别是由两段曲线构成。可以利用【线缝纫】工具分别一

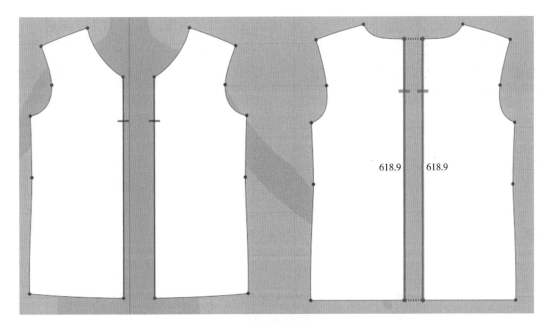

图 2-33　前、后中线缝纫完成

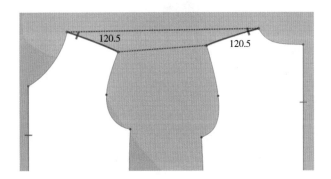

图 2-34　缝纫完成一条肩线

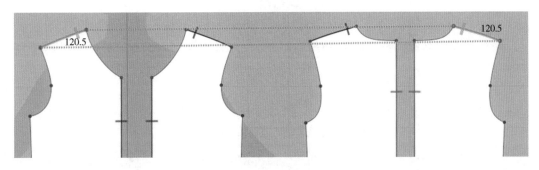

图 2-35　缝纫 2 条肩线完成

段一段地进行缝纫,也可以利用【自由缝纫】工具进行缝合。通过前面的操作,读者应该已经熟悉了【线缝纫】工具,所以接下来的侧缝线采用【自由缝纫】工具,【自由缝纫】工具的操作更加灵活。本例在缝合前后片的侧缝线时,希望在侧缝下摆处开一个 8cm 的开衩。

点击【自由缝纫】工具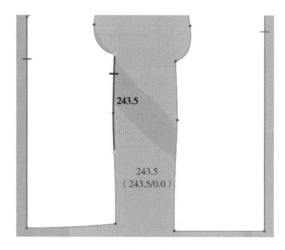，将鼠标移至一个前片需要缝纫的侧缝线上，线上会出现一个亮点，表示缝纫的起点，将鼠标移至该前片的腋下点处单击鼠标左键，确定缝纫线起始点。沿前片的侧缝线移动鼠标，此时从起点开始至鼠标当前位置的连续线会显示变粗，表示将要创建缝纫的第一条线。同时，在该线起点附近，显示出一个类似剪口的小线段，在线附近也会显示出当前的缝纫长度，见图 2-36。如果要将侧缝线全部缝合，则可以在前片侧缝线下端点单击鼠标左键，完成第一条线的选择。因为本例需要在侧缝下摆处开一个 8cm 的开衩，所以在确定前片缝纫线的终点时，可以在前片侧缝线的适当位置单击鼠标右键，系统会弹出"生成缝纫线"对话窗口，在对话窗口输入缝纫线的具体长度数值。因为本无袖女上衣的侧缝线长度为 421mm，所以在"生成缝纫线"对话窗口输入缝纫线长度值"341"，按"确认"键，完成前片侧缝缝纫线的设置，见图 2-37。

图 2-36　侧缝缝纫线预览

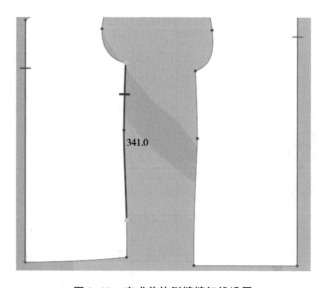

图 2-37　完成前片侧缝缝纫线设置

　　移动鼠标至与该前片侧缝线相对应的后片侧缝线的起点，即后片腋下点处，单击鼠标左键，沿后片侧缝线移动鼠标，此时在后片腋下点沿侧缝线至鼠标所在的线段位置显示变粗，并且在后片侧缝线上出现一个深蓝色"指示点"，该"指示点"表示与前片侧缝线的缝纫线长度相同时的点的位置。在此深蓝色"指示点"处单击鼠标左键，完成第一条侧缝线的创建，见图2-38。同理，再缝合另一条侧缝线，两侧缝线缝合完成，见图2-39。

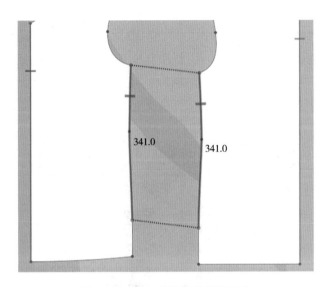

图 2-38　第一条侧缝线创建完成

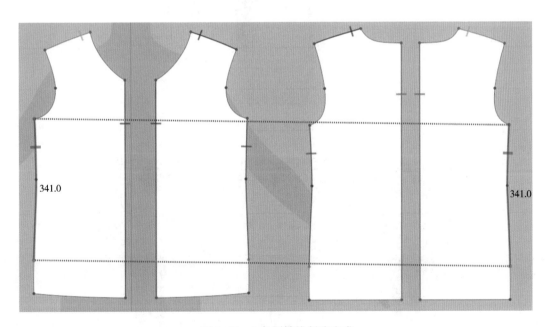

图 2-39　2 条侧缝线创建完成

五、虚拟试衣

在 3D 工作区窗口可以按下鼠标右键移动鼠标,旋转 3D 工作窗口的显示视图,观察服装缝纫得是否正确,见图 2-40。如果发现不正确的缝纫线,可以利用【编缉缝纫线】 工具,选择不正确的缝纫线,按键盘上的"Delete"键删除,再利用【线缝纫】工具或利用【自由缝纫】工具重新创建缝线。

当确定服装的所有缝纫线均已准确无误后,按 3D 工作窗口上端的【模拟】 工具进行试衣模拟。系统将根据创建好的缝纫线关系,将服装样片进行缝纫并模拟穿着效果。一段时间后,当服装穿着在模特身上,并不再有明显变化后,说明试衣模拟已基本完成,可以再次单击【模拟】工具,使【模拟】工具退出激活状态。无袖女上衣的试衣模拟效果图见图 2-41。

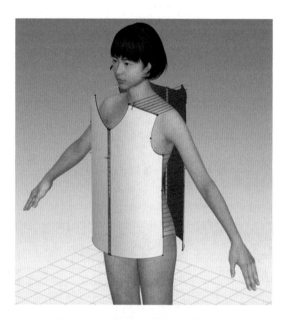

图 2-40 观察各个缝纫线是否正确

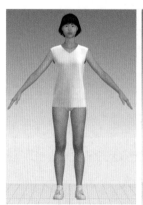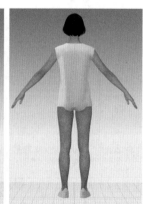

图 2-41 无袖女上衣模拟效果图

六、调整属性

1. 设置面料

服装的模拟采用系统默认的一块白色面料。可以根据需要在织物库中选择一块面料应用到该无袖女上衣。在主界面左上角的"库窗口"中双击面料资源项"Fabric","库窗口"下方将会列出系统提供的面料资源。当鼠标移至某一个面料图标上时,系统会弹出面料预览窗口,窗口中将会显示该面料图片及相关信息,见图2-42。

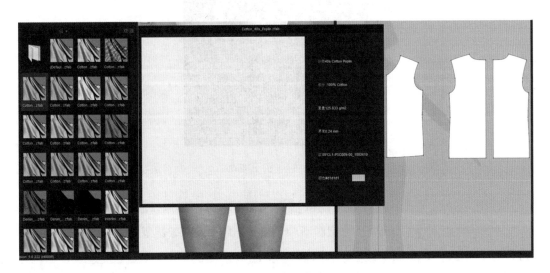

图 2-42　面料预览窗口

双击选中的面料图标,如棉府绸(Cotton Poplin)面料,系统弹出信息窗口,提示"文件被增加到物体窗口",按"确认"键。此时该面料显示在了主界面右上方的"目标浏览窗口"(Object Browser)中,见图2-43。图中的"40s_Cotton_Poplin_FCL1PS"即为新增加的面料。

按"Ctrl+A"键选中全部板片,在主界面右下方的"属性编辑器"(Property Editor)窗口中,找到"织物"项,在"织物"项的下拉列表中选择新增加的府绸面料"40s_Cotton_Poplin_FCL1PS",则4个板片的面料全部更改为府绸面料。

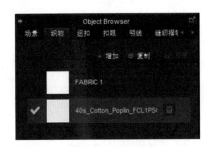

图 2-43　增加面料

2. 设置粒子间距

可以通过调整板片的"粒子间距",使服装的模拟更加精确。"粒子间距"数值越大,模拟越粗,但模拟速度很快;"粒子间距"数值越小,模拟越精细,但模拟速度越慢。在 2D 板片窗口中选中全部 4 个女上衣板片,在系统主界面右下方的"属性编辑器"窗口中,找到"模拟属性"——"粒子间距(毫米)",见图 2-44。将粒子间距的数值"20"改为"10",然后按"回车"键完成。在工作窗口空白处单击鼠标,取消样片的选择状态。

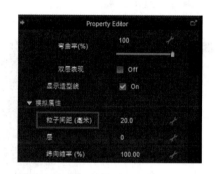

图 2-44　粒子间距

调整完面料及粒子间距后,单击【模拟】🔽工具再次进行模拟,得到最终模拟效果。模拟完成后,单击【模拟】🔽工具退出"模拟激活"状态。最终的模拟效果见图 2-45。从图 2-45 可以看到,由于对面料及粒子间距进行了调整,模拟的效果更加真实自然,更接近现实中的服装外观。

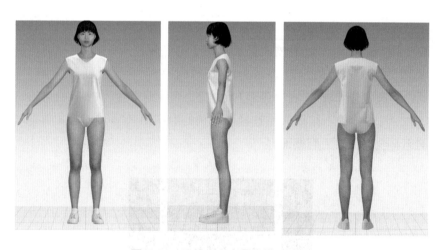

图 2-45　无袖女上衣最终模拟效果

七、保存项目

通过主菜单【文件】——【保存项目文件】,或按"Ctrl+S",在系统弹出的"保存"对话窗口中输入文件名称,按"保存"键完成。

保存项目是保存信息最完全的，包括模特、服装、样片、面料、姿势等。读者也可以根据需要，通过主菜单【文件】——【另保存】，选择只保存"服装""模特""板片"等。

第四节　面料属性参数介绍

服装的最终模拟效果主要由织物的图案及物理属性决定。CLO3D 软件中，织物表面的图案分为"贴图"和"纹理"两种。贴图是指位于服装板片某局部区域的一个标志性图案，通常用来表现服装局部单独的手绘、刺绣图案或商标等；而纹理则指整个面料的花型图案，大多数情况下为一个四方连续的图案，通常用来表现整幅织物的印染图案、色织面料、织造机理等。织物的物理属性会影响服装的垂感，选择不同的物理属性，对最终服装的悬垂效果有很大影响。本节重点讲解织物的纹理及物理属性的设置。

一、导入面料纹理

在界面右上角"对象浏览窗口"（Object Browser）中有"织物"页，单击"织物"页标签后，在页面中就会列出当前项目所有使用的织物，见图 2-46。在织物页的上端有"增加""复制"等按钮，用于在织物列表中增添织物。单击"增加"按钮，织物列表就会添加一个织物，默认名称为"FABRIC"与一个数字，如"FABRIC 1"。可以单击该名称后直接进行修改。在织物名称后面有一个图标"▨"，单击此图标可以将该织物删除。

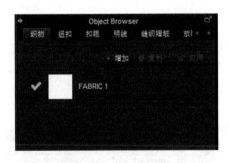

图 2-46　对象浏览窗口

在织物列表中，单击选中某一面料后，在界面右下角的"属性编辑器"（Property Editor）窗口中会显示出该织物的全部属性参数。单击"属性"——"基本"——"纹理"项的"▨"图标，见图 2-47。系统将弹出"打开文件"对话窗口，可以选择一个面料的图像文件，按"打开"键即可。如果要删除该织物的图案纹理，可以单击"纹理"项的"▨"图标删除纹理。织物添加纹理后，使用该织物的所有板片均会显示出织物纹理图案。

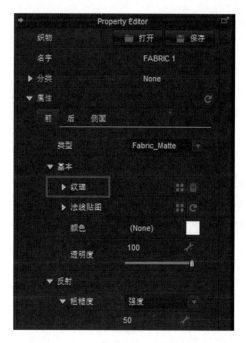

图 2-47　"属性编辑器"窗口

二、物理属性设置

在"对象浏览窗口"中的织物列表中,单击选中某一面料后,在界面右下角的"属性编辑器"(Property Editor)窗口向下滚动页面,找到"物理属性"项,见图 2-48。"物理属性"包括"预设"和"细节"两个项,其中"预设"项最为常用。"预设"项为一个下拉列表框,单击后会显示出所有预设织物供用户选择。其中提供了几十种常用面料,包含棉、麻、丝、毛、梭织、针织、毛皮、衬里等各类织物或辅料。可根据需要进行选择。物理属性选择后,在模拟时,服装的垂感也会发生相应的变化。

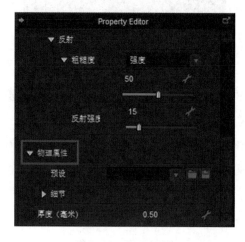

图 2-48　物理属性

"细节"项中提供了与物理属性相关的所有参数,有关细节的设置方法,将在本书的第六章进行详细研究与介绍。

三、使用面料

新建织物的纹理及物理属性设置完成后,如果某个板片需要使用该织物,可以在 2D 板片窗口利用【调整板片】工具选中板片后(也可以在 3D 窗口中选择板片),在"属性编辑器"(Property Editor)窗口找到"织物"项,见图 2-49。单击"织物"项右侧的下拉列表,在列表中根据织物名称选择需要的织物。所选织物的纹理及物理属性均会应用到选中的板片上。激活【模拟】后,3D 窗口的服装外观垂感会根据物理属性发生变化。本章的无袖女上衣采用"Silk Chiffon"(真丝雪纺)织物属性的模拟效果见图 2-50(a),采用"Denium Light weight"(轻薄牛仔布)织物属性的模拟效果见图 2-50(b)。

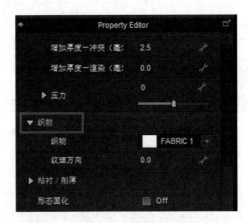

图 2-49　织物项目

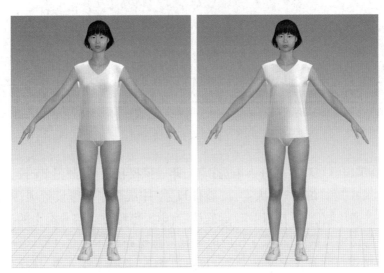

（a）真丝雪纺织物　　　　　　（b）轻薄牛仔布织物

图 2-50　无袖女上衣不同织物属性的模拟效果

第五节　虚拟模特参数设置

虚拟模特是展示服装的模特,针对不同号型服装进行试衣模拟,则需要对虚拟模特的尺寸参数进行调整。在 CLO3D 系统中,通过系统主菜单"虚拟模特"——"虚拟模特编辑器"打开"虚拟模特编辑器"窗口,见图 2-51。

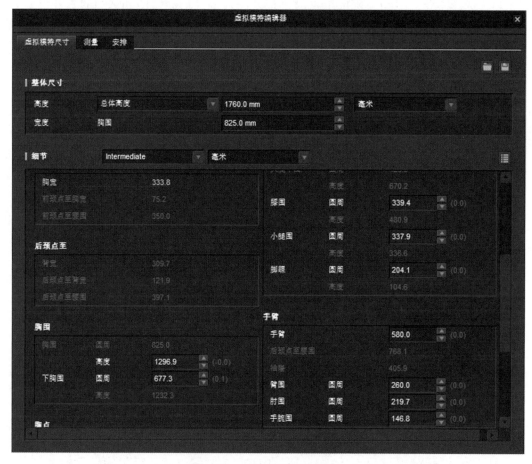

图 2-51　虚拟模特编辑器窗口

在"虚拟模特编辑器"窗口中,分 3 个选择页,即虚拟模特尺寸、测量、安排。在虚拟模特尺寸页,又分"整体尺寸"和"细节"两大类。"整体尺寸"中提供了 2 个设置项,即总体高度和胸围。当用户修改这两项数值,并按"回车"键确认后,虚拟模特"细节"分类中的一些项目数值也会根据实际人体的比例关系,自动发生相应的变化。调整完整体尺寸,可以进一步调整模特的"细节"尺寸。细节类尺寸条目十分丰富,可以通过"细节"选择下拉列表,选择需要显示的细节项目类型,分为"基础""中级""高级"三个,选择"基础"则只显示一些很常用的身体参数,选择"高级"则会显示出详细的人体尺寸参数。

通过系统主菜单【文件】——【项目】,打开本节创建完成的无袖女上衣项目。打开在"虚拟模特编辑器"窗口,此时虚拟模特的胸围数值显示为 825.0mm。将虚拟模特的胸围改为 860mm,并按"回车"键确认。关闭"虚拟模特编辑器"窗口,此时无袖女上衣由于模特胸围变大,其服装显示效果将发生变化,见图 2-52。此时,只需要点击【模拟】 ▼ 工具进行试衣模拟,系统根据虚拟模特变化重新进行试衣模拟。模拟基本完成后,服装的穿着模拟效果恢复正常。再次点击【模拟】工具,使【模拟】工具退出激活状态。

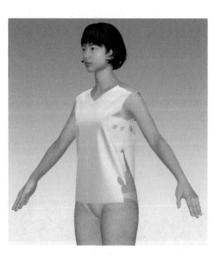

图 2-52　模特尺寸调整后

如果虚拟模特的尺寸参数修改比较大,尤其是模特身高参数调整比较大时,服装与虚拟模特的相对位置将会变得不正确,如将虚拟模特身高修改为 1600mm,虚拟模特与服装的相对位置将如图 2-53 所示。此时如果进行【模拟】,将无法得到正确的试衣效果,见图 2-54。这时可以按键盘"Ctrl+Z"键,则可以回复到图 2-53 状态。选择【选择/移动】工具,并按键盘"Ctrl+A"键选中全部板片,在 3D 工作窗口中将板片向下移至模特身体合适的位置后,再进行【模拟】即可。

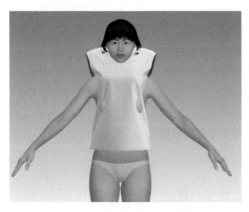

图 2-53　虚拟模特调整身高后

图 2-54　不正确的模拟效果

第三章　2D板片窗口工具

2D板片窗口的工具栏默认位于2D窗口的顶端,包括多个子工具栏,即板片工具栏、褶皱工具栏、UV工具栏、层次工具栏、板片标注工具栏、缝纫工具栏、缝合胶带工具栏、归拔工具栏、明线工具栏、缝纫褶皱工具栏、纹理/图形工具栏和放码工具栏,见图3-1。通过这些工具,可以完成对服装板片的设计、修改、缝纫、褶皱、明线、纹理、标注等操作。

由于窗口区域的尺寸有限,有时无法在窗口顶端显示出所有的工具栏,用户可以根据需要利用鼠标拖拽方式将各个工具栏移动到2D板片窗口的其他位置。在工具栏上单击鼠标右键,系统会弹出工具栏显示选择设置菜单,通过勾选或去勾选相应的工具栏,可以分别设置需要显示或隐藏的工具栏。

图3-1　2D板片窗口工具栏

在2D板片窗口的左上角显示设置工具,该工具共分四组,分别用于设置2D板片的线、信息、表面等的显示与隐藏。将鼠标移至某一组工具按钮上时,系统会自动显示出与之相关的所有设置工具,当鼠标移至某一工具按钮上时,系统也会弹出信息提示标签,说明该工具的作用,见图3-2。各个按钮均为开关键方式,用户可以根据需要进行选择设置。如设置是否显示缝纫线、是否显示基础线、是否显示板片名等。

图3-2　2D板片窗口显示设置工具栏

第一节　板片工具

板片工具栏是2D板片窗口最主要工具栏,利用该工具栏中的工具进行服装板片的设计、编辑。但由于 CLO3D 软件的服装纸样设计功能有限,只能进行相对简单的纸样设计与创建。在绝大多数情况下,服装纸样都是通过服装 CAD 纸样设计系统来完成的,或者利用数字化仪将纸样输入到服装 CAD 纸样设计系统中,再进行相应的调整与编辑工作。纸样完成后,导出为 AAMA/ASTM DXF 格式文件,再在 CLO3D 软件导入纸样进行适当的编辑即可。为了方便学习本节的工具操作,可以打开上一章的"无袖女上衣"项目进行本章内容的练习。

一、【调整板片】▨工具

【调整板片】▨工具用于对 2D 窗口中的纸样进行选择、移动、调整(旋转、比例放缩、复制)等操作。

1. 选择板片

操作方法:单击【调整板片】工具▨,再单击 2D 窗口中需要选择的板片,被选中的板片周边出现一个虚线的矩形框,同时板片以黄色高亮显示。在 2D 板片窗口选中的板片,在 3D 窗口中也会被同时选中。如果需要选择多个板片,按住"Shift"键同时单击所有需要选择的板片,所有单击的板片将被选中。当需要选择多个板片时,也可以在 2D 窗口中单击并拖动鼠标,框选所有需要选择的板片,所有在选框内的板片将被选中。

板片被选择后,即可进行移动、调整等操作。同时也可以单击鼠标右键,在弹出的菜单中执行所需的操作。如拷贝、粘贴、删除、反选、旋转、翻转、冷冻、硬化等。

2. 移动板片

操作方法:单击并拖动需要移动的板片,也可以在板片被选中后,利用键盘上的方向键进行移动。当移动板片时,按住键盘的"Shift"键,2D 窗口中会显示出纸样移动方向的虚线辅助线,板片可以沿着水平、垂直、对角线或者其原有斜率进行移动。当移动板片时按下鼠标右键,系统弹出"移动距离"对话窗口,见图 3-3。可以在窗口中输入具体的移动数值,按"确认"键进行精确的板片移动。

图 3-3　移动距离对话窗口

3. 调整板片

操作方法:首先单击选中需要调整的板片,再单击并拖动虚线矩形选框上的点,选择的板片将被放大或缩小。拖动角上的点,板片的高度、宽度按相同的比例进行变化,拖动边线中央的点,分别调整高度或宽度方向的比例。当未激活板片中心的中心点时(以白色显示),板片将沿鼠标的拖动方向变化。双击板片选中框的中心点,以激活板片中心的中心点（以橘色显示）,调整板片时,板片将基于中心沿四个方向进行变化。当拖动虚线矩形选框上的点时按下鼠标右键,系统将弹出"变换"对话窗口,在对话窗口中输入具体变换比例或宽度、高度数值,按"确认"键进行精确尺寸调整。再"变换"对话窗口的数值,输入文本框的右侧有一个图标式的开关按钮,可以利用鼠标单击图标进行状态切换。当图标为""状态时,用户修改宽度或高度的任一项数值,则另一项数值会按照相同的变换比例进行变化。当图标为""状态时,则可以对宽度或高度进行单独的调整,见图3-4。

图 3-4　变换对话窗口

4. 旋转板片

操作方法:首先单击选中需要旋转的板片,将鼠标移至矩形虚线选框上方的旋转点时,鼠标的光标会变为旋转图标,向左或向右拖动鼠标进行样片的旋转。

二、【编辑板片】工具

【编辑板片】工具用于移动 2D 窗口的纸样上或内部图形上的点,对板片进行修改。

1. 选择点或线

操作方法:单击【编辑板片】工具,此时 2D 窗口中板片上的点会着重显示出来。单击板片上或内部图形上的点或线,点或线将被选中变为黄色。当有多根线段或点重叠在一起时,系统将会弹出菜单以选择需要的点或线。在单击点或线的时候按住"Shift"键可以选择多项,所有单击的点或线将被选中并变为黄色。此外,也可以在 2D 窗口中单击并拖动鼠标以矩形框选方式,选择需要的点或线,在矩形选框内的所有点及线将被选中并变为黄色。

2. 移动点或线

操作方法：单击并拖动点或线或使用方向键，在移动点或线的时候按住"Shift"或"Ctrl"键，窗口中会显示出移动方向指示线，点或线将沿水平、垂直、对角线或其原有斜率进行移动。在移动点或线时按下鼠标右键，系统弹出移动距离对话窗口，可以输入数值进行精确的距离移动。

3. 删除点或线

操作方法：首先选择板片上需要删除的点或线，选中的点或线将变为黄色，按"Delete"键即可删除所选中的点或线。

三、【编辑圆弧】工具

【编辑圆弧】工具用于将直线转为曲线或编辑曲线的曲率。

操作方法：单击【编辑圆弧】工具，单击并拖曳直线上的某一位置，直线被选中以黄色显示，并随着拖曳而变为弧线。在拖曳过程中，曲线的中间位置会显示出曲线的当前长度值。将直线变为曲线后，在这条曲线的两个端点处会自动添加曲线形态的控制杆。控制杆在【编辑圆弧】工具状态下是不显示的，当选择【编辑曲线点】后，控制杆才会显示出来，用于曲线曲率的调整。

四、【编辑曲线点】工具

【编辑曲线点】工具用于在调整板片外周曲线或内部曲线的形态、曲率，在曲线上加点、减点或编辑曲线点等操作。

操作方法：单击【编辑曲线点】工具，在线段上单击需要添加曲线点的位置，线段上将被添加一个自由曲线点，并且直线将随着移动曲线点移动而变为曲线。在【编辑曲线点】工具状态下，也可以单击并拖动曲线点调整曲线的形态。单击并拖动曲线点时，按住"Shift"键，在 2D 板片窗口中将会显示出移动方向的虚线辅助线，拖动的点可以沿着水平、垂直、对角线方向移动。在移动曲线点时按下鼠标右键，系统弹出移动距离对话窗口，可以输入具体的移动距离的数值进行点的精确移动。

在【编辑曲线点】工具状态下，原始曲线段的两端点具有控制杆，当添加自由曲线点后，该曲线的控制杆将会消失，曲线将会根据曲线点进行重塑。

此外，在【编辑曲线点】工具状态下，如果需要删除线上的点，则可以利用鼠标单击选择或框选需要删除的点，此时被选中的点以亮黄色显示，按"Delete"键将选中的点删除。

五、【加点、分线】工具

【加点、分线】工具用于在线上加点并将一条线段分成多段。

操作方法：单击【加点/分线】工具，将鼠标移至需要加点的线段上时，线段上将会出现一个点，并随鼠标在线上移动，并且在点的两侧分别显示出该点距相邻两点的距离。在线段上需要加点的位置单击鼠标完成加点，或将鼠标移至线段上需要加点的位置，单击鼠标右键，系统弹出"分裂线"对话窗口,见图 3-5。在"分裂线"对话窗口中各项参数的设置方法见表 3-1。输入需要的数值后,按"确认"键完成精确的加点操作。

如果需要将连续的多条线段进行分线加点操作,可以首先单击【编辑板片】工具,选择连续的多条线段,被选中的线段以亮黄色显示。再单击【加点/分线】工具,此时被选中的多条线段将被看作是一条线段。具体操作方法与在一条线上添加点的操作相同。

图 3-5　分裂线对话窗口

表 3-1　"分裂线"对话窗口各项参数设置

分裂方式	参数	数值含义
分成两条线段	线段 1/ 线段 2	线段将基于鼠标悬停点被分成两段,较短的一段称为线段 1,较长的一段称为线段 2。在数值输入框中输入线段 1 或者线段 2 的具体长度数值,将线段分为两段
	比例	整条线段的比例为 100%,线段将基于百分比被分成两段,在数值输入框内输入具体比例数值将线段分为两段 通常情况下,该功能能用于添加等分点比较方便,如二等分点(50%)、三等分点(33.3%)或四等分点(25%)等
按照长度分段		将当前线段以输入的"线段长度"数值为间距,以"线段数量"为分段数,将所选线段分成多条线段,线段的分割起始位置,可以在"方向"的下拉列表框中进行选择,选项包括当前位置、反向和中心
平均分段		线段将按照输入分段数值被分为相同长度的多个线段

六、【剪口】工具

【剪口】工具用于按照需要在板片外线上创建、编辑剪口,从而提高创建缝纫线的准确性。

1. 创建剪口

操作方法:单击【剪口】工具,将鼠标移至需要加剪口的线段上,线段上将会出现个红点,并随鼠标在线上移动。在线段上需要加剪口的位置单击鼠标完成添加的剪口,剪口将以高亮黄色显示处于被选中状态,处于未被选中状态时为红色。或将鼠标移至线段上需要加剪口的位置,单击鼠标右键,系统将弹出"剪口"对话窗口,见图 3-6。输入相应的参数后按"确认"键完成。如果板片存在缝边,剪口也会同时出现在相对应缝边上;如果剪口添加在板片某一个角的位置上,该剪口将会随机出现在该角缝边的一侧上。"剪口"对话框中的参数设置方法与【加点、分线】工具相同,请参考表 3-1。

图 3-6　剪口对话窗口

2. 选择剪口

操作方法:在【剪口】工具状态下,单击板片外周线或内部线上的剪口,剪口将被选中并以黄色高亮显示。选择剪口时,可以按下"Shift"键,再利用鼠标依次单击要选择的剪口,或通过框选的方式,同时选择多个剪口。此外,按键盘上的"Ctrl+A"键可以选中所有的剪口。

3. 移动剪口

操作方法:在【剪口】工具状态下,单击以拖拽方式移动板片外周线或内部线上的剪口,在合适的位置松开鼠标,选择的剪口将被移动。当单击并拖曳剪口的时候按下鼠标右键,系统

弹出"移动距离"对话窗口,在对话窗口中输入移动距离的数值,并按"确认"键,剪口将根据输入的距离数值进行移动。

4. 编辑剪口属性

操作方法:在【剪口】工具状态下,单击板片外周线或内部线上的剪口,剪口将被选中并以黄色高亮显示。选中剪口属性将出现在右侧的"属性编辑器"中,见图 3-7。剪口属性设置方法见表 3-2。

图 3-7　剪口属性编辑窗

表 3-2　剪口属性设置方法

选项		描述
名字		设置或更改剪口的名称
类型		剪口类型
	T	
	V	
	I	
	L	
	U	
	Box	
角度	垂直	剪口将垂直于板片边线
	用户自定义	可以设定剪口与板片边线之间的夹角
长度		可以根据需要编辑设置剪口长度
方向		设定剪口将创建在哪个方向,该选项仅在剪口创建在角上时才会出现
	顶点(中间)	剪口创建在两条线段的中间方向
	线段 1	剪口将倒向一条线段上
	线段 2	剪口将倒向另一条线段上
翻转		将剪口翻转到板片边线的另一侧

"属性编辑器"中的长度数值在系统默认状态下是不可修改的。如果需要修改剪口线的长度,首先需要通过系统菜单"设置"——"用户自定义"打开"用户自定义"设置窗口,见图 3-8。

在"用户自定义"设置窗口中选择"2D",在剪口的显示类型中选择"实际长度"即可。

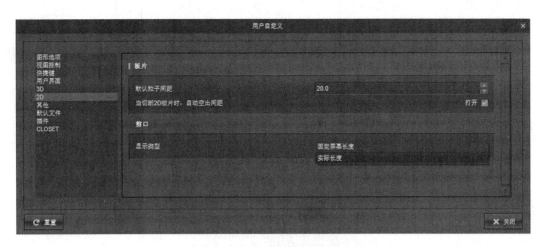

图 3-8 "用户自定义"设置窗口

5. 删除剪口

操作方法:在【剪口】 ⊡ 工具状态下,单击或框选板片外周线或内部线上的剪口,剪口将被选中并以黄色高亮显示。按键盘上的"Delete"键,选择的剪口将被删除;或者在剪口上单击右键,在弹出的菜单中选择"删除"选项,选择的剪口将被删除。

七、【生成圆顺曲线】 ⊡ 工具

【生成圆顺曲线】工具用于将板片外周线或内部线修改为圆顺的曲线。

操作方法:单击【生成圆顺曲线】工具 ⊡ ,单击线段或点创建第一个点,该点显示为灰色。移动鼠标,一个从该点形成的灰色箭头将随鼠标移动。单击另一根线段或点来创建结束点,在两点之间将形成一根参考线。再单击需要转换成圆顺曲线的一侧线段,选中的一侧线段将以黄色高亮显示。单击并拖动参考线形成所需要的曲线形状,选中的板片外周线或内部线将被圆顺曲线所替换。当使用【生成圆顺曲线】工具时,按下键盘上的"Delete"或者"Backspace"键,将撤销最后一步操作。

八、【延展】 ⊡ 工具

【延展】 ⊡ 工具用于沿板片上设定的延展参考线以旋转方式对板片进行延展。

操作方法:单击【延展】 ⊡ 工具,单击板片外周线上创建延展参考线的起始点,再单击板片外周线上的另一点,完成延展参考线,或单击选择板片内部线作为延展参考线。单击选择延展参考线一侧的板片,选中的板片部分的外周线将以亮黄色显示。移动鼠标,板片被选中的部分将以延展参考线的第一点为旋转中心,随延展参考线进行旋转。板片选中的部分达到所需形状时,单击左键来完成延展。如果需要精确设置旋转的角度或距离,可以在选中部分板片后,在移动鼠标时单击鼠标右键,系统弹出"延展"对话窗,见图 3-9。在"延展"对话窗中输入具体的延展距离或角度数值,按"确认"键完成精确的延展操作。当选择内部线作为延展参考线时,当将鼠标移至内部线段上时,该线段将会变为蓝色,并在离鼠标近的一端出现箭头形状,表示该端为延展开的位置,而线段的另一端则为延展的旋转中心。

九、【多边形】工具

【多边形】工具用于在 2D 板片窗口中创建多边形板片。

操作方法:单击【多边形】工具,在 2D 板片窗口中依次单击鼠标左键,创建多边形的各个边,最后再次单击起始点,完成多边形板片的创建。在创建多边形板片的过程中,

图 3-9 "延展"对话窗

当按下鼠标左键并拖动鼠标时,将出现曲线控制柄,通过移动鼠标调节控制柄的长度以调节曲线形态,曲线形态合适后放开鼠标左键,完成当前点的创建。在创建多边形时,单击鼠标右键,系统会弹出"制作多边形"对话窗口,见图 3-10。在"制作多边形"对话窗口中输入当前线段长度数值,按"确认"键完成当前点的创建。"制作多边形"对话窗中的数值设置方法见表 3-3。

图 3-10 "制作多边形"对话窗

表 3-3 "制作多边形"对话窗数值设置

选项			描述
长度			设置当前创建的线段长度,当"镜像创建"选项处于"打开"状态时,长度数值会被同时应用到镜像的线段上
选项	镜像创建		多边形将对称创建,见图 3-11,此时始点将自动转化为闭合点
	轴	选择线段	以第一条线段的垂直方向为对称轴创建对称线段
		X-轴	以 X-轴方向为对称轴创建的对称线
		Y-轴	以 Y-轴方向为对称轴创建的对称线

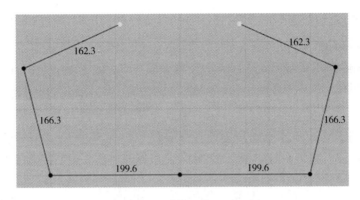

图 3-11　对称创建多边形

在创建多边形板片的过程中,如果按键盘的"Delete"键或"Backspace"键,可以从最后画的点开始按顺序删除。按键盘的"Esc"键或"Ctrl+Z"键会删除当前创建的多边形的所有线段。在创建多边形板片时,按下"Ctrl"键,然后再画点,所画的点将为自由曲线点。放开"Ctrl"键后,所画的点将为直线点。这个功能可以创建曲线多边形。在创建直线点时按住"Shift"键会出现一个指示线,可以根据指示线将点画在水平、垂直、45°角的方向。对称创建多边形见图 3-11所示。

十、【长方形】■工具

【长方形】■工具用于在 2D 板片窗口中创建长方形板片。

操作方法:单击【长方形】工具■,在 2D 窗口中按下鼠标左键并拖动鼠标,绘制出长方形板片,在适当的位置松开鼠标完成长方形板片创建。在创建长方形板片时,按下键盘的"Shift"键可以创建一个正方形板片。CLO3D v5.1 版之后,在创建长方形板片时,按下键盘的"Ctrl"键可以创建它的中心点。在创建板片时,按下"Shift + Ctrl"键可以在其中心点创建一个正方形板片。

如果需要创建特定尺寸的长方形板片,在 2D 窗口单击鼠标左键,系统将弹出"制作矩形"对话窗口,见图 3-12。在对话窗口中输入需要的宽度和高度数值,按"确认"键完成长方形板片的创建。在"制作矩形"对话窗口中,还可以通过输入"反复"项目中的间距、角度及数量值,按一定的排列规律同时创建多个长方形板片。

十一、【圆形】●工具

【圆形】工具用于在 2D 板片窗口中创建圆形或椭圆形的板片。

操作方法:单击【圆形】工具●,在 2D 板片窗口中按下

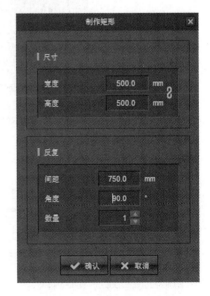

图 3-12　"制作矩形"对话窗

鼠标左键并拖动鼠标,绘制椭圆形板片,在适当的位置松开鼠标完成椭圆形板片创建。在创建板片时,按下键盘的 Shift 键可以创建一个圆形板片。CLO3D v5.1 版之后,在创建板片时,按下键盘上的"Ctrl"键以创建它的中心点。在创建圆形板片时,按下"Shift + Ctrl"键可以在其中心点创建一个圆形板片。

如果需要创建特定尺寸的圆形板片,在 2D 板片窗口中单击鼠标左键,系统将弹出"制作圆"对话窗口,见图 3-13。在对话窗口中输入圆形的参数值,如半径、直径或周长,按"确认"键完成圆形板片的创建。在"制作圆"对话窗口中,还可以通过输入"反复"项目中的间距、角度及数量值,按一定的排列规律同时创建多个圆形板片。

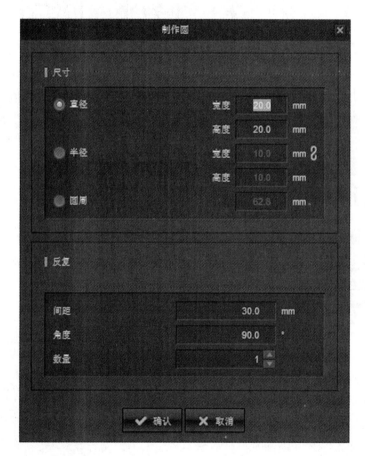

图 3-13 "制作圆"对话窗

十二、【内部多边形/线】工具

【内部多边形/线】工具用于在板片内部创建内部多边形或内部线段。

操作方法:单击【内部多边形/线】工具,在 2D 板片窗口的某一板片的内部区域,依次单击鼠标左键创建连续的折线,双击鼠标于线的结束点或按回车键完成当前内部线的创建。如果在绘制折线的过程中,最后再次单击起始点,则完成创建板片内部的多边形。

在创建内部多边形或线的过程中,与【多边形】工具一样,当按下鼠标左键并拖动鼠标时,将出现曲线控制柄,通过移动鼠标调节控制柄的长度调节曲线形态,曲线形态合适后放开鼠标,完成当前点的创建。

在创建内部多边形或线的过程中,如果按键盘的"Delete"键或"Backspace"键,可以从最后画的点开始按顺序删除点。此外,在创建内部多边形或线的过程中,按键盘的"Esc"键或按"Ctrl+Z"键会删除当前正在创建的所有线段。当通过画点来创建板片内部多边形或线时,按下"Ctrl"键画点,之后画的点将由直线点变成自由曲线点,直至放开"Ctrl"键。该功能可以创建内部曲线多边形或曲线。在创建直线点时按住"Shift"键,2D 板片窗口中将出现方向指示线,可以根据指示线将点画在水平、垂直、45°角方向。

图 3-14 "内部图形/线"对话窗

在创建内部多边形或线时,单击鼠标右键,系统弹出"内部图形/线"对话窗口,见图 3-14。在对话窗口中设置相应的参数,如长度、镜像创建和定位等,按"确认"键完成当前点的创建。通过"内部图形/线"对话窗口可以更精确、方便地创建内部多边形或线,"内部图形/线"对话窗口中各参数的设置方法见表 3-4。

表 3-4 "内部图形/线"对话窗口参数设置

选项			描述
长度	长度		设置当前创建的线段长度,当"镜像创建"选项处于"打开"状态时,长度数值会被同时应用到镜像的线段上
选项	镜像创建		内部多边形或线对称创建,此时始点将自动转化为闭合点
	轴	选择线段	以第一条线段的垂直方向为对称轴创建对称线段
		X-轴	以 X-轴方向为对称轴创建的对称线
		Y-轴	以 Y-轴方向为对称轴创建的对称线
方位	左		设置内部多边形/线与板片左边的外轮廓线之间的距离
	右		设置内部多边形/线与板片右边的外轮廓线之间的距离
	上		设置内部多边形/线与板片上边的外轮廓线之间的距离
	下		设置内部多边形/线与板片下边的外轮廓线之间的距离

图 3-15 "制作矩形"对话窗

十三、【内部长方形】■工具

【内部长方形】■工具用于在板片内部创建内部长方形。

操作方法：单击【内部长方形】■工具，在 2D 板片窗口的板片内部按下鼠标左键并拖动，绘制内部长方形，松开鼠标完成内部长方形绘制。在创建内部长方形时，按下键盘的"Shift"键，可以创建一个内部正方形。

如果需要创建特定尺寸的内部长方形，在 2D 板片窗口中的某一板片内部单击鼠标左键，系统将弹出创建内部长方形"制作矩形"对话窗口，见图 3-15。在对话窗口中输入需要的宽度和高度数值，按"确认"键完成长方形板片的创建。在"制作矩形"对话窗口中，还可以通过输入"反复"项目中的间距、角度及数量值，按一定的排列规律同时创建多个内部长方形。"制作矩形"对话窗口中的参数设置方法见表 3-5。

表 3-5 "制作矩形"对话窗口参数设置

参数		描述
宽度		设置内部长方形的宽度
高度		设置内部长方形的高度
🔒,🔓		锁定状态时🔒,固定矩形的宽高比；非锁定状态时🔓,可根据需求分别设置宽度和高度
定位	外部线	用于设置内部长方形在板片中的位置,即从内部长方形轮廓的左侧、右侧、顶部和底部到板片外周线的距离
	中心线	用于设置内部长方形在板片中的位置,即从内部长方形中心点的左、右、上、下到板片外周线的距离

十四、【内部圆形】■工具

【内部圆形】■工具用于在板片内部创建内部圆形。

操作方法:单击【内部圆形】◎工具,在 2D 板片窗口中的某一板片内部按下鼠标左键并拖动,绘制内部椭圆形,在适当的位置松开鼠标完成内部椭圆形创建。在创建内部圆形时,按下键盘的"Shift"键可以创建一个内部圆形。

如果需要创建特定尺寸的内部圆形,在 2D 板片窗口的某一板片内部单击鼠标左键,系统将弹出创建内部圆形的"制作圆"对话窗口,见图 3-16。在"制作圆"对话窗口中输入需要的圆形参数值,如半径、直径或圆周等,按"确认"键完成创建内部圆形。同时也通过输入间距、角度、数量、定位参数,可以同时按一定的规律创建多个内部圆形。"内部圆形"对话窗口参数设置方法见表 3-6。

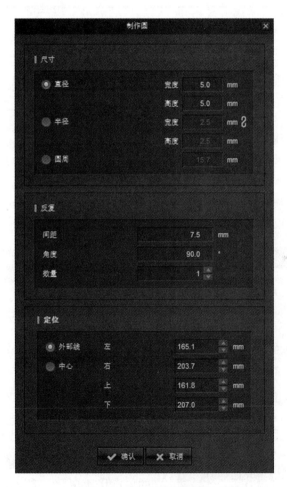

图 3-16 "制作圆"对话窗

表 3-6 "制作圆"对话窗口参数设置

参数	描述
直径	设置内部圆的直径,其中,宽度和高度分别代表创建椭圆形的外接矩形的宽度和高度

参数		描述
半径		设置内部圆的半径,其中,宽度和高度分别代表创建椭圆形的外接矩形的宽度和高度的一半
B,2		锁定状态 **B** 时,可固定内部圆的长宽比例
圆周		设置内部圆的周长
定位	外部线	设置内部圆与板片外周线左、右、上和下的距离
	中心	设置内部圆中点与板片外周线左、右、上和下的距离

十五、【省】◊工具

【省】◊工具用于在板片内部创建省。

1. 创建省

操作方法:单击【省】◊工具,在 2D 板片窗口中的某一板片内部按下鼠标左键并拖动鼠标,在板片上将会形成一个棱形省,省的大小随鼠标移动而变化,同时在省的四周会显示出构成省道的 4 个顶点与板片相邻周边线的距离以及省道的宽度值。当省道大小合适时,松开鼠标完成省的创建。

如果要通过输入具体数值和位置信息来创建省,则可以单击【省】◊工具,在 2D 板片窗口中的某一板片的内部单击鼠标左键,系统将弹出"创造省"对话窗口,见图 3-17。在"创造省"对话窗口中输入需要创建的省道参数值,按"确认"键完成省的创建。单击鼠标处为省的中心点,"创造省"对话窗口参数设置方法见表 3-7。

2. 调整、移动省

操作方法:省创建完成后,如果需要进行调整,则利用【编辑板片】工具,对省的边线或省的顶点移动调整。具体操作方法请参见【编辑板片】工具的操作方法。

3. 删除省

操作方法:利用【省】工具创建完成一个省时,省的边线为高亮的黄色,表示该省处于选中状态。如果感觉该省不正确,此时可以直接按键盘的"Delete"键,删除该省。对于之前创建的、

图 3-17 "创造省"对话窗

不处于被选中状态的省,则需要利用【编辑板片】 工具选中需要删除的省,再按键盘的"Delete"键删除。

表3-7　"创造省"对话窗口参数设置

参数		描述
宽度、高度		设置省的精确尺寸,分别输入省的4个顶点到省中心点的距离,即上、下、左、右顶点与中心点的距离
定位	外部线	设置省的精确位置,分别输入省的4个顶点到板片外周线的距离
	中心	以设置省的精确位置,分别输入省的中心点到板片外周线的距离

十六、【勾勒轮廓】 工具

【勾勒轮廓】 工具用于将板片的内部线、内部图形、内部区域/指示线转换为板片。

1. 勾勒为板片

操作方法:单击【勾勒轮廓】工具 ,选择需要勾勒的基础线,被选中的基础线将变为高亮黄色。在被选中的基础线上单击鼠标右键,系统弹出菜单,在菜单中选择"勾勒为板片"。被选中的基础线将产生一个板片。此时移动鼠标,产生的板片将随鼠标移动,将产生的板片移置在2D板片窗口的适当位置后单击鼠标左键即可完成。

在选择基础线时,可以按下键盘的"Shift"键,依次单击构成板片的每条线段,可以通过框选的方式进行。如果需要选择的是一个封闭图形的内部线,则可以在封闭的内部线上双击,可以选择整个封闭的图形。

2. 勾勒为内部图形

操作方法:单击【勾勒轮廓】工具 ,选择需要勾勒为内部图形的线,选中的线变为高亮黄色。在选中的基础线上单击鼠标右键,系统弹出菜单,选择"勾勒为内部图形"。当选择的线都相交时,交点会被合并,被勾勒的线将构成一个闭合的整体形状。

3. 勾勒为内部线/图形

操作方法:单击【勾勒轮廓】工具 ,选择需要勾勒的基础线,选中的基础线变为高亮黄色。在选中的基础线上单击鼠标右键,系统弹出菜单,选择"勾勒为内部线/图形",选择的线将被勾勒。

当板片以DXF格式从其他服装CAD系统中导入到CLO3D时,偶尔会出现内部线连接不准确问题。当选择的线之间的距离小于0.5mm时,它们将被勾勒为一个封闭图形,因为这些线会被识别为相邻线。然而,如果选择的线之间的距离超过0.5mm,这些线将被勾勒为独立的内部线,它们会被识别为分开的线。

十七、【缝份】 工具

【缝份】 工具用于在板片上创建、编绍缝份。

1. 添加缝份

操作方法：单击【缝份】 ![缝份工具图标] 工具,在需要添加缝份的板片外周线上单击鼠标左键,板片该处外周线的缝份将被创建,创建的缝份线以灰色显示。在界面右下方的"属性编辑器"窗口中会出现当前缝份的参数,如宽度(缝份量)、缝份角类型,此时可以根据需要对参数进行调整修改。

2. 编辑缝份

如果需要修改已添加的缝份,可以在【缝份】工具状态下,选择一条或多条已添加缝份的板片外周线,缝份被选中后,该缝份的板片外周线以高亮黄色显示。在界面右下方的"属性编辑器"窗口中修改缝份的宽度(缝份量)数值,并按"回车"键完成缝份量的修改,或选择设置其他的缝份类型。在缝份被选中状态下,按键盘的"Delete"键或"Backspace"键,可以删除缝份。

第二节　缝纫与明线工具

缝纫工具栏提供创建、编辑缝纫线的功能,包括【编辑缝纫线】 ![图标] 、【线缝纫】 ![图标] 、【自由缝纫】 ![图标] 、【检查缝纫线长度】 ![图标] 四个工具。其大多功能操作方法已在第二章中进行了详细介绍,本节只对缝纫工具栏进行一些补充。明线工具栏包括【编辑明线】 ![图标] 、【线段明线】 ![图标] 、【自由明线】 ![图标] 、【缝纫线明线】 ![图标] 四个工具。

一、【编辑缝纫线】 ![图标] 工具

第二章中已经介绍了【编辑缝纫线】 ![图标] 工具的选择缝纫线、调换缝纫线和删除缝纫线三个功能,本节介绍该工具的剩余功能。

1. 移动缝纫线

操作方法：如果已创建完成的缝纫线位置需要调整,则可以在【编辑缝纫线】 ![图标] 工具状态下,利用鼠标拖曳板片的缝纫线沿板片的外周线移动。在拖曳移动过程中,缝纫线为高亮蓝色显示。拖曳时按鼠标右键,将弹出"移动距离"对话窗口,在"移动距离"对话窗口中设置缝纫线的移动距离,进行精确的位置移动。

2. 检查缝纫线长度

操作方法：在【编辑缝纫线】 ![图标] 工具状态下,单击选择板片上的缝纫线,在相互缝合的两条缝纫线旁即会显示出两条缝纫线的长度值。

3. 在缝纫线开始或结束点位置增加点

操作方法：在【编辑缝纫线】 ![图标] 工具状态下,单击选择板片上的缝纫线,并单击鼠标右键,在弹出的菜单中选择"在缝纫线开始点增加点"或"在缝纫线结束点增加点",则会在板片的相应位置增加一个点。

4. 设置缝纫线类型

服装板片相互缝合的方式不同,缝合后的效果及平整程度也会有差异,CLO3D 软件设置缝

纫线的参数来调整两个板片缝合后的效果。

操作方法:在【编辑缝纫线】██工具状态下,当选中某一缝纫线后,在主界面的右下侧的"属性编辑器"窗口中将会出现与缝纫线相关的参数设置项,修改设置完成后,激活【模拟】██,即可看到效果。

CLO3D软件提供了两种缝纫线类型,即Flat型和Turned型。从ver4.0.0开始,Flat型更名为Custom Angle型。当缝纫线类型设置为Custom Angle时,还可以对"折叠角度"和"折叠强度"两项参数进行设置。当缝纫线类型设置为Turned时,"折叠角度"和"折叠强度"则不能进行修改。当缝纫线类型设置为Turned或为Custom Angle且"折叠角度"为180°时,模拟效果见图3-18(a);当缝纫线类型设置为Custom Angle,"折叠强度"大于0,"折叠角度"小于180°时,模拟效果见图3-18(b);当缝纫线类型设置为Custom Angle,"折叠强度"大于0,"折叠角度"大于180°时,模拟效果见图3-18(c)。

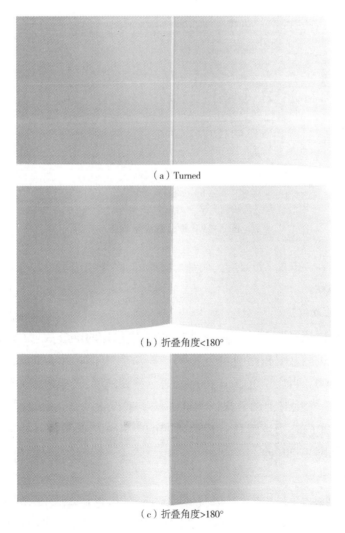

（a）Turned

（b）折叠角度<180°

（c）折叠角度>180°

图3-18　缝纫类型的示意图

当缝纫线类型设置为 Custom Angle，"折叠角度"为 75°，折叠强度为 5 时的模拟效果见图 3-19(a)；"折叠强度"为 90 时的模拟效果见图 3-19(b)；折叠强度为 0 时模拟效果同图 3-18 (a)Turned。

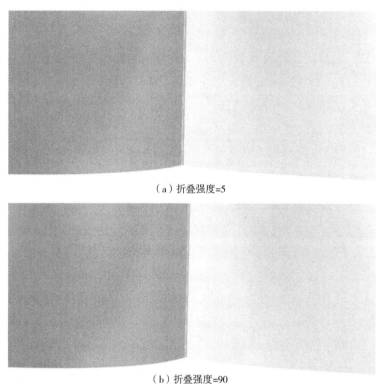

（a）折叠强度=5

（b）折叠强度=90

图 3-19　折叠强度示意图

当两个板片叠缝在一起时，如双层的领片、门襟等，将缝纫线类型设置为 Turned，缝纫的板片边沿会相对更加平整。

5. 设置缝纫线张力

缝纫线的松紧可以通过"张力"参数来设置，张力项包括两个参数：力度和比例。当张力设置处于开启(On)状态时，力度和比例才会显示出来，并且模拟时才会起作用。默认状态下，力度值为 0.1，比例为 100。当比例值小于 100 时，表示缝纫线紧，产生收缩的效果；当比例值大于 100 时，表示缝纫线松，产生起泡的效果。当缝纫线类型设置为 Turned 时，力度为 0.1，比例为 90，模拟效果见图 3-20(a)；力度为 0.1，比例为 110 时，模拟效果见图 3-20(b)；力度为 1，比例为 90 时，模拟效果见图 3-20(c)。

6. 显示 3D 缝纫线

显示 3D 缝纫线选择用于设置板片缝合处的立体效果，包括强度和厚度两个参数。强度表示缝合处的立体效果程度，数值大则立体效果越强；厚度表示缝合处的效果宽度，数值大则缝合处的痕迹越宽。强度为 0，厚度为 1.5mm 时的模拟效果见图 3-21(a)；强度为 10，厚度为

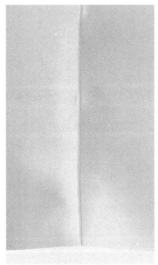

（a）力度=0.1，比例=90　　　　（b）力度=0.1，比例=110　　　　（c）力度=1，比例=90

图3-20　张力变化示意图

1.5mm时的模拟效果见图3-21（b）；强度为10，厚度为5mm时的模拟效果见图3-21（c）。

（a）强度=0，厚度=1.5mm　　　（b）强度=10，厚度=1.5mm　　　（c）强度=10，厚度=5mm

图3-21　显示3D缝纫线示意图

二、【检查缝纫线长度】工具

【检查缝纫线长度】工具用于检查缝纫线长度差值。通过检查缝纫线长度差值，可以避免在试衣过程中的一些错误。

操作方法：单击【检查缝纫线长度】工具，在2D板片窗口内的缝合线将会显示出来，同时在窗口的左上角显示出"检查缝纫线长度"参数设置窗口，见图3-22。进行检查的选项包括"长度差"及"比例差"，可以设置"长度差"和"比例差"前的复选框进行选择。CLO3D软件的"长度差"默认值为5mm，表示缝合在一起的缝纫线长度差超过5mm以上时，则以红色粗线的形式显示该缝纫线。"比例差"默认值为10%，用户可以根据需要在窗口中进行修改设置。

图 3-22 "检查缝纫线长度"参数设置窗口

三、【线段明线】 工具

利用【线段明线】 工具,可以按照线段(板片的周边线或板片内部图形的线段)来创建明线。

操作方法:单击【线段明线】 工具,当鼠标移至 2D 板片窗口中的板片周边线或内部图形线段上时,该线段会变为高亮蓝色。单击需要设置明线的板片上的线段,明线将在选择的线段上生成,并且以高亮玫瑰色显示(选中状态)。也可以在 2D 板片窗口中框选所有需要添加明线的线段,明线将会被应用于所有选定的板片上。也可以使用套索方式来选择需要添加明线的板片外周线及内部线。明线处于选中状态时,以高亮玫瑰色显示;明线未被选中时,以暗玫瑰色显示。

套索选择方式:在 2D 板片窗口进行套索选择的第一点双击鼠标左键,套索选择框的第一点将在鼠标双击点处出现,然后放开鼠标后移动。随着鼠标移动形成一条虚线。依次单击需要绘制的套索区域的各点来创建多边形套索选区,在最后一点处双击鼠标左键,或再次单击套索起始点,即可完成多边形套索。

四、【自由明线】 工具

【自由明线】 工具可以不受板片和内部图形的限制,比较自由地创建明线。

操作方法:单击【自由明线】 工具,当鼠标移至 2D 纸样窗口中的板片周边线或内部图形线段上时,在该线段上的鼠标位置将会出现一个高亮蓝色点,并随鼠标移动。该点代表将要创建的明线的起始点。在纸样周边线或内部图形线上的适当位置单击鼠标,设置明线的起始点。然后在线上沿着需要生成明线的方向上移动鼠标,被选中的线段变为高亮蓝色,同时在线条旁边显示出长度数据,在明线结束的位置单击鼠标,完成自由明线的创建。明线将在指定的地方生成并且以高亮粉色显示(被选中状态)。如果要创建指定长度的明线,设置完成起始点后,沿线移动鼠标至结束点附近,单击鼠标右键,系统会弹出"创建明线"对话窗口,见图 3-23。在对话窗口中输入具体的数值,按"确认"键完成。与【线段明线】工具相同,也可以在 2D 板片窗口中以框选或套索方式选择需要创建明线的板片外周线和内部线。

图3-23　"创建明线"对话窗

五、【缝纫线明线】 工具

【缝纫线明线】 工具用于按照已创建的缝纫线生成明线。

操作方法:单击【缝纫线明线】 工具,2D板片窗口中的板片上,将会显示出全部缝纫线。【缝纫线明线】的操作方法与【自由明线】相同。在需要创建明线的缝纫线上,单击鼠标生成明线的起始点,沿着缝纫线需要生成明线的方向上移动鼠标,在明线的终点处单击鼠标,创建明线完成。缝纫线明线将在指定的地方生成并且以高亮红色显示(选中状态)。缝纫线明线在未选中状态时为暗红色显示。

与【自由明线】相同,也可以通过鼠标右键,创建确定长度的缝纫线明线。此外也可以在2D板片窗口中以框选或套索选择方式创建缝纫线明线。

六、【编辑明线】

【编辑明线】 工具用于对已创建的明线或缝纫线明线进行编辑,调整明线的位置、长度以及删除明线。

1. 调整明线位置

操作方法:单击【编辑明线】 工具,单击一个需要更改位置的明线,被选中的明线将以高亮显示。利用鼠标拖动明线至需要的位置。

2. 编辑明线长度

操作方法:单击【编辑明线】 工具,单击需要修改长度的明线,被选中明线将高亮显示,拖动明线的某一端点以更改它的长度。拖动明线端点时,按下鼠标右键,将弹出"移动距离"对话窗口,见图3-24,在"移动距离"对话窗中输入移动的距离或明线长度值,按"确认"键完成明线的修改。

3. 删除明线

操作方法:单击【编辑明线】 工具,单击选择一个需要删除的明线,被选中明线将高亮显示,按"Delete"键删除。此外,也可以按住"Shift"键,利用鼠标依次单击需要删除的各条明线,或通过框选方式选择多条需要删除的明线,按"Delete"键同时删除多条明线。

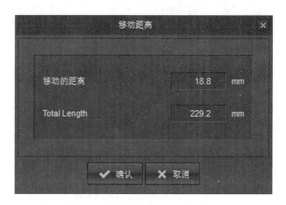

图 3-24 "移动距离"对话窗

4. 调整明线参数

操作方法:当单击【编辑明线】工具后,在主界面右上角的"对象浏览窗口"(Object Browser)将会显示"明线"页。在该页的顶端有"增加"和"复制"两个按钮,分别用于添加及复制明线。系统默认的第一条明线的名称为"Default Topstitch",如果需要修改名称,可以直接在名称上单击鼠标,直接进行修改。或在名称上单击鼠标右键,在弹出的菜单中选择"重命名",进行修改。当在"明线"页选择一条明线后,在界面右下角的"属性编辑器"窗口会显示出该明线的相应参数,可以根据需要进行修改。

(1)明线类型。明线包括 OBJ 和 Texture 两个类型,其中 OBJ 类型的明线显示得更加精细真实。两个类型的明线示意图见图 3-25。OBJ 明线在激活模拟时将会在 3D 窗口暂时消失,只有停止模拟后才会重新显示出来。

（a）OBJ类型　　　　　　　　　　　　　　　（b）Texture类型

图 3-25 明线类型示意图

(2)间距。间距为设置明线与创建该明线时的参考线之间的距离,默认值为 1.6mm。

(3)明线根数。明线根数用于设置当前位置显示的明线根数。当根数大于 1 时,还可以进一步设置多条明线是否"使用相同的规格"及"使用相同的材质"。

(4)格式。格式用于精确设置明线的样式与规格,其中包括种类、长度、宽度、Space、线的粗细等。明线种类包括 Bartack、Buttonhole、Overlock、Pickstitch、Single、Zigzag 等,各种类型明线示意图见图 3-26。此外,各类选项列表中还包括 Custom,表示用户自定义参数类型。每当用户选择了一种明线后,又对该种类参数进行了修改,则种类项会自动变为 Custom。

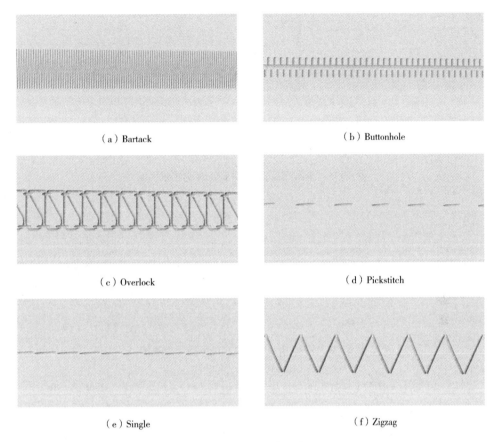

（a）Bartack

（b）Buttonhole

（c）Overlock

（d）Pickstitch

（e）Single

（f）Zigzag

图 3-26　明线种类示意图

格式中的"长度"参数代表单位长度内的针数,不同长度值的 Zigzag 明线效果见图 3-27。"宽度"参数代表针迹的宽度,不同宽度值的 Overlock 明线效果见图 3-28。"Space"参数代表每一针之间的距离,不同 Space 值的 Single 明线效果见图 3-29。"线的粗细"代表线迹中纱线的粗细程度,其数值的单位在其下方的单位列表框中选择。默认为 Tex(特数),可以选择的细度单位还有 Ticket(公制标号)、Denier(丹尼尔)、Metric(公制支数)、Millimeter(毫米)。

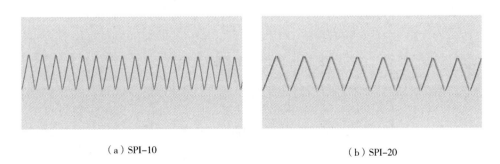

（a）SPI-10

（b）SPI-20

图 3-27　不同长度值的 Zigzag 明线效果图

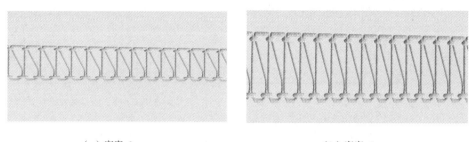

（a）宽度=3mm　　　　　　　　　　　　　　　（b）宽度=6mm

图 3-28　不同宽度值的 Overlock 明线效果图

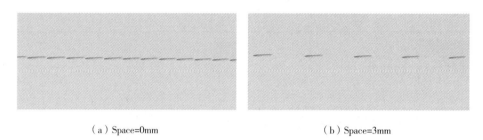

（a）Space=0mm　　　　　　　　　　　　　　（b）Space=3mm

图 3-29　不同 Space 值的 Single 明线效果图

（5）属性。属性用于设置明线的表面效果，其中包括类型、纹理、颜色、透明度、粗糙度等参数。类型选项中包括多种织物、毛皮、金属、塑料等；在纹理项，用户可以自定义明线的纹理图。此外，用户可以根据实际的需要，在此处调整明线的透明度和粗糙度。

（6）3D。通过 3D 项，可以设置明线缝纫产生的凹陷效果，3D 项开启与关闭的效果见图 3-30。3D 项还包括法线贴图、强度、Thickness（宽度）3 个参数。用户可以重新设置法线贴图产生不同形态的凹陷效果。调整强度、Thickness（宽度）值设置凹陷的明显程度及宽度。

（a）3D开启　　　　　　　　　　　　　　　（b）3D关闭

图 3-30　3D 选项效果示意图

第三节　褶皱工具

2D 板片窗口包括两个有关褶皱功能的工具栏，即缝纫褶皱工具栏和褶皱工具栏。缝纫褶皱工具栏包括【线段缝纫褶皱】▨▨、【缝合线缝纫褶皱】▨▨、【编辑缝纫褶皱】▨▨三个工具;褶皱工具栏包括【翻折褶裥】▥▥【缝制褶皱】▨▨两个工具。

一、【线段缝纫褶皱】▨▨工具

【线段缝纫褶皱】▨▨工具用于在板片外周、内部线段上生成线段缝纫褶皱。

操作方法:单击【线段缝纫褶皱】▨▨工具,单击选择板片上应用缝纫褶皱功能的线段。对应的线段上缝纫褶皱将会生成。同时在线段附近显示出线段的长度数值。完成后可以在 3D 工作窗口中查看生成的缝纫褶皱效果。此外,通过框选、套索选择方式选择多条应用缝纫褶皱功能,缝纫褶皱将被应用于所有选中的线段上。

二、【缝合线缝纫褶皱】▨▨工具

【缝合线缝纫褶皱】▨▨工具用于在板片的缝纫线上生成缝纫褶皱。

操作方法:单击【缝合线缝纫褶皱】▨▨工具,2D 板片窗口将显示所有缝纫线。依次单击需要生成褶皱的缝纫线,对应的缝纫线上会生成缝纫褶皱。也可以通过框选、套索选择方式选择多条需要生成缝纫褶皱的缝纫线,缝纫褶皱将被应用于所有选定的缝纫线上。

此外,在选中【缝合线缝纫褶皱】工具后,可以在界面右下侧的"属性编辑器"窗口中的"其他"项中的"缝纫褶皱"下拉列表框中选择缝纫褶皱,在一侧缝纫线上或两根缝纫线上均出现选中的效果。

三、【编辑缝纫褶皱】▨▨工具

【编辑缝纫褶皱】▨▨工具用于对板片上已创建的缝纫线褶皱进行修改,设置缝纫线褶皱的类型,调整缝纫褶皱的位置、长度以及删除缝纫褶皱。

1. 调整缝纫褶皱位置

操作方法:单击【编辑缝纫褶皱】▨▨工具,单击一个需要更改位置的缝纫褶皱,被选中缝纫褶皱将以高亮紫色显示,利用鼠标沿线拖动缝纫褶皱至需要的位置。

2. 编辑缝纫褶皱长度

操作方法:单击【编辑缝纫褶皱】▨▨工具,单击选择一个需要修改长度的缝纫褶皱。被选中的缝纫褶皱将高亮紫色显示,拖动缝纫褶皱的某一端点以更改它的长度。拖动缝纫褶皱端点时,按下鼠标右键,将弹出"移动距离"对话窗口,在"移动距离"对话窗中输入移动的距离或缝纫褶皱长度值,按"确认"键完成缝纫褶皱的修改。

3. 删除缝纫褶皱

单击【编辑缝纫褶皱】▨▨工具,单击选择一个需要删除的缝纫褶皱。被选中的缝纫褶皱将高亮紫色显示。按"Delete"键完成删除。此外,也可以按住"Shift"键,利用鼠标依次单击需要删除的多条缝纫褶皱,或通过框选、套索选择方式选择多条需要删除的缝纫褶皱后,按"Delete"

键同时删除多条缝纫褶皱。

4. 设置缝纫褶皱类型

操作方法:单击【编辑缝纫褶皱】▓工具后,在主界面右上角的"对象浏览窗口"(Object Browser)窗口将会显示"缝纫褶皱"页。在该页的顶端有"增加"和"复制"两个按钮,分别用于添加及复制缝纫褶皱。系统默认的第一个缝纫褶皱的名称为"Default Puckerinig",如果需要修改名称,可以在名称上单击鼠标,直接进行修改;或在名称行单击鼠标右键,在弹出的菜单中选择"重命名"进行修改。当在"缝纫褶皱"页选择一个缝纫褶皱后,在界面右下角的"属性编辑器"窗口会显示出该缝纫褶皱的相应参数,可以根据需要进行修改。

"缝纫褶皱"选择列表中包括 Cotton(棉布)、Denim(牛仔布)、Leather(皮革)、Nylon(尼龙面料)、Polyester(涤纶面料)等类型,各类缝纫褶皱的模拟效果见图 3-31。

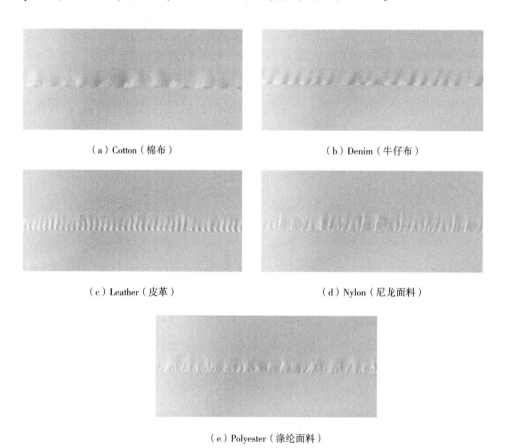

(a) Cotton(棉布)　　　　　　　　(b) Denim(牛仔布)

(c) Leather(皮革)　　　　　　　　(d) Nylon(尼龙面料)

(e) Polyester(涤纶面料)

图 3-31　缝纫褶皱的模拟效果示意图

此外,针对缝纫褶皱,在"属性编辑器"窗口中还包括"法线贴图""强度""密度"及"宽度"等参数,与明线参数的设置方法相似,请参阅。

四、【翻折褶裥】▥与【缝制褶皱】▥工具

【翻折褶裥】▥与【缝制褶皱】▥这两个工具结合使用,在板片上创建并缝制多个规则的褶裥。【翻折褶裥】工具用于创建褶裥线,【缝制褶皱】按褶裥的规律将板片与另一板片缝合在一起。本节将通过对比【自由缝纫】工具的模拟效果加以说明。

1. 创建两个板片

创建两个板片,首先在 2D 板片窗口中,利用【长方形】工具创建两个矩形板片。第一个板片宽度为 200mm、高度为 40mm;第二个板片(缝折褶裥的板片)的宽度要求是第一个板片的 3 倍,即 600mm,高度为 300mm。创建完成后,在 2D 板片窗口中,利用【调整板片】工具将两个矩形板片的位置调整为图 3-32 形式。同样,在 3D 模拟窗口中,利用【选择/移动】工具将两个矩形板片的位置也调整为图 3-32 形式。

图 3-32 两个矩形板片的摆放位置

2. 创建内部线

单击【编辑板片】工具,按下"Shift"键,分别单击大的矩形板片(缝折褶裥的板片)的左右两条边线,此时两条线段为高亮黄色。在任一选中的线段上单击鼠标右键,在弹出的菜单中选择"在线段间创建内部线段",系统弹出"在线段间创建缝纫线"对话窗口,见图 3-33。在"扩张数量"项输入内部线的根数。由于褶裥需要 3 条折线,所以内部线的数量应该为褶裥数×3-1。此时可以输入 17(将产生 6 个褶裥),按"确认"键完成。完成后的效果见图 3-34。此时,产生的 17 条内部线为高亮黄色,处于被选中状态。如果由于某一操作,这 17 条内部线没有处于选中状态,可以利用【编辑板片】工具以框选方式选中矩形中间的 17 条内部线。在被选中的任意一

条线上单击鼠标右键,在弹出的菜单中选择"对齐到板片外周线增加点",完成后的效果见图 3-35。此时矩形的上下两条边线已被这 17 条内部线分为多条等长的短线段。

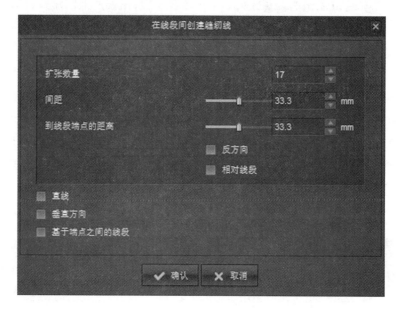

图 3-33　"在线段间创建缝纫线"对话窗

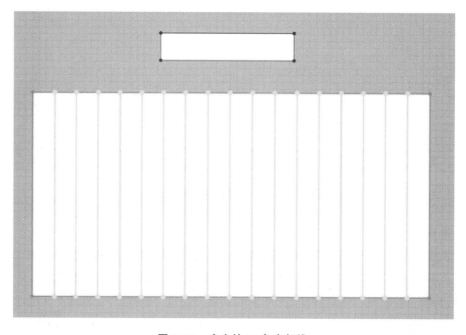

图 3-34　产生的 17 条内部线

3. 设置褶裥线

单击【翻折褶裥】 工具,在矩形板片左外侧单击鼠标,以创建褶皱的起始点。沿翻折方向移动鼠标,此时将会显示出一条带箭头的虚线,并且箭头的方向会随着鼠标移动而移动。见图3-35。在矩形板片右外侧双击结束点完成选择,系统将弹出"翻折褶裥"对话窗口,见图3-36。选择"顺褶","每个褶裥的内部线数量"选择3,按"确认"键完成。

基于选择的褶裥类型,17条内部线的折叠角度将被设置,并以不同颜色表示,见图3-37。红色的线表示向板片正面突出(折叠角度为0°),浅蓝色的线表示向板片背面凹进(折叠角度为360°),未更改颜色的线表示折叠角度为180°。

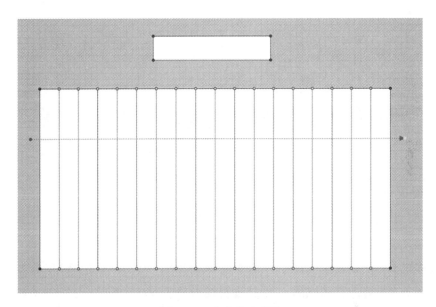

图3-35 产生箭头虚线

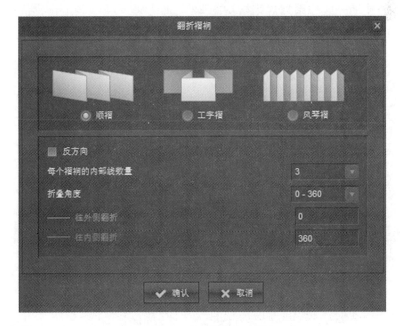

图3-36 "翻折褶裥"对话窗

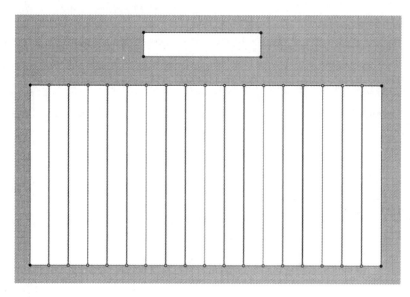

图 3-37　设置完成内部线的折叠角度

4. 缝制褶裥

单击【缝制褶皱】工具,在 2D 板片窗口依次单击上方的矩形板片的左下角及右下角,此时设置完成第一条缝纫线,显示为浅绿色。

将鼠标移置下方的创建褶裥板片上,单击矩形板片的左上角,确定缝制的起始点位置。沿矩形上边线向右水平方向移动鼠标。此时,缝纫线将按照每 3 个线段(这是一个褶裥所需要的线段数量)的距离自动设置缝合线。单击矩形右上角完成缝纫设置,见图 3-38。利用【缝制褶皱】工具可以很方便地完成一系列规则褶裥的缝制,而无须一条一条地设置褶裥的缝纫线,非常快捷。此时如果发现缝制有误,可以利用【编辑缝纫线】工具删除缝纫线,再重新进行缝制。

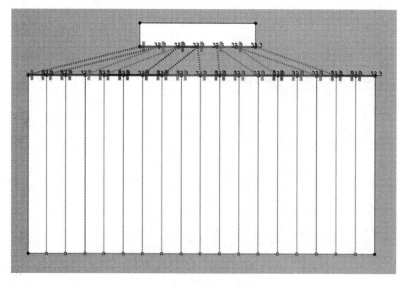

图 3-38　缝制褶裥设置

5. 模拟

　　为了防止板片在模拟过程中下落,影响观察效果,在 3D 模拟窗口中,选择【选择/移动】工具,在上方的矩形板片上单击鼠标右键,在弹出的菜单中选择"冷冻"。冷冻处理板片在模拟过程中将保持其位置不会下落。单击【模拟】工具,激活模拟,系统开始模拟缝纫,稳定后效果见图 3-39。由图 3-39(b)可以看到褶裥的翻折形式,从而有助于理解图 3-37 内部线的折叠角度及图 3-38 褶裥缝纫设置的含义。

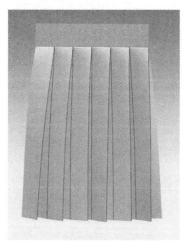
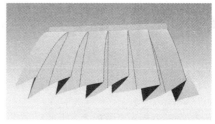

（a）前视图　　　　　　　　　（b）半仰视图

图 3-39　"顺褶"褶裥模拟效果图

　　如果在设置褶裥线时,选择"工字褶",模拟效果见图 3-40;选择"风琴褶",模拟效果见图 3-41。

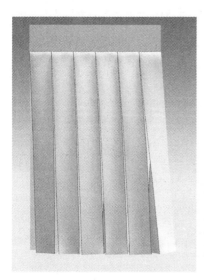
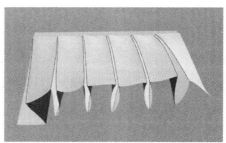

（a）前视图　　　　　　　　　（b）半仰视图

图 3-40　"工字褶"褶裥模拟效果图

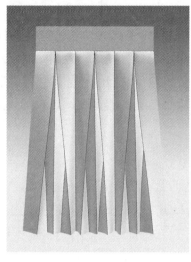
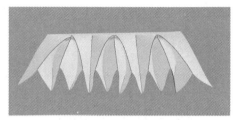

（a）前视图 （b）半仰视图

图 3-41 "风琴褶"褶裥模拟效果图

针对"风琴褶"的服装板片,建议使用【自由缝纫】进行缝纫更为真实,模拟效果见图 3-42。

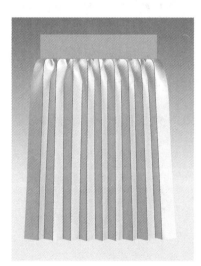
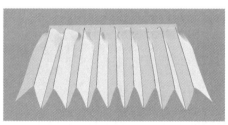

（a）前视图 （b）半仰视图

图 3-42 "风琴褶"【自由缝纫】模拟效果图

第四节 纹理工具

纹理工具栏包括【贴图(2D 板片)】、【调整贴图】、【编辑纹理(2D)】三个工具,用于完成板片上局部图案的设置与调整。

一、【贴图(2D 板片)】工具

【贴图(2D 板片)】工具用于在板片的局部区域添加图案。该功能主要用于在服装板片局部,表现通过印、刺绣等方式产生图案或商标的效果。

单击【贴图(2D 板片)】工具,系统弹出"打开文件"对话窗口,选择用于贴图的图像文件,按"打开"键。将鼠标移至需要添加贴图的板片上,此时以鼠标光标为中心显示出十字辅助线,并在该辅助线的上下左右各段上分别显示中心点至板片周边线的距离。在适当的位置单击鼠标,系统弹出"增加贴图"对话窗口,见图 3-43。在"增加贴图"对话窗中输入贴图的宽度和高度数值,如果需要,也可以在此时输入图案距离板片周边线与中心点的距离,精确设置图案的位置后,按"确认"键完成贴图操作。图案将出现在板片的局部区域。此时系统自动进入【调整贴图】状态,可以利用鼠标移动此贴图的位置。在【贴图(2D 板片)】工具状态下,也可以利用鼠标单击选中已添加的贴图图案,按"Delete"键删除贴图。

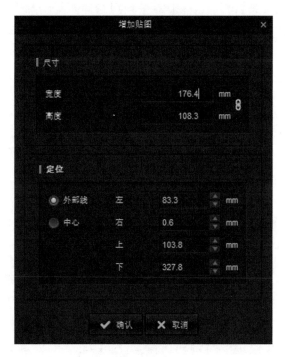

图 3-43 "增加贴图"对话窗

二、【调整贴图】工具

【调整贴图】工具用于修改设置已添加的贴图。

单击【调整贴图】工具,直接选中并拖动 2D 板片窗口中板上的贴图,进行贴图位置的调整。如果需要调整贴图的大小或角度,可以单击板片上需要调整的贴图,贴图上会出现调整环,拖曳调整环上的点,可以调整贴图尺寸,拖曳调整环弧线,可以调整贴图角度。

当贴图被选中后,在界面右下角的"属性编辑器"窗口中会显示出该贴图的属性参数,如透明度、颜色、尺寸大小、位置、角度等,可以根据需要进行详细设置。如果有该贴图的法线贴图文件,可以单击"法线贴图"项的"▦"图标,选择导入法线贴图文件,以提高贴图的立体感。不需要时,可以单击"法线贴图"项的"↻"图标,删除法线贴图。

三、【编辑纹理(2D)】🖼工具

【编辑纹理(2D)】🖼工具用于调整板片所应用的织物的纱向、面料图案的位置以及织物图案的比例、旋转角度。

1. 移动纹理图案

单击【编辑纹理(2D)】🖼工具,可直接在 2D 板片窗口的某一板片内部按下鼠标左键并拖动,板片内部的图案会随鼠标移动,拖至合适的位置后松开鼠标,完成织物图案的移动。

2. 放大/缩小、旋转纹理图案

【编辑纹理(2D)】🖼工具状态下,在 2D 板片窗口选择需要放大/缩小图案的板片,此时,用于图案的定位球将会出现在 2D 板片窗口的右上角,定位球见图 3-44 所示。

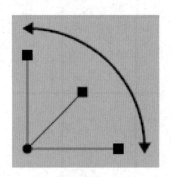

图 3-44　纹理定位球

将鼠标移至定位球 45°方向线段上,线段变为亮黄色,按下鼠标左键并拖动,纸样上的纹理图案将会放大/缩小,同时保持其水平和垂直比例。纹理图案大小合适后,放开鼠标左键完成图案的放大/缩小操作。如果对纹理图案的大小作精确调整,可以在按下鼠标左键并拖动的时候,按下鼠标右键,系统会弹出纹理"变换"对话窗,见图 3-45。输入对应的尺寸或百分比后,按"确认"键完成纹理图案的比例变换。所有应用该面料的纹理都会发生相应改变。

如果只调整纹理图案水平或垂直方向的比例,可以将鼠标移至定位球的水平或垂直方向线段上,线段变为亮黄色,按下鼠标左键并拖动,纸样上的纹理图案将在水平方向或垂直方向上放大/缩小。如果对纹理图案的大小作精确调整,可以在按下鼠标左键并拖动的时候,按下鼠标右键,系统仍会弹出纹理"变换"对话窗。在对话窗中输入对应的尺寸或百分比,按"确认"键完成纹理图案的宽度比例变换。

将鼠标悬停在定位球的表示旋转的 1/4 圆弧线上,圆弧线将变为亮黄色。按下鼠标左键并拖动,织物纹理图案将会随鼠标旋转,角度合适后松开鼠标左键,完成纹理图案的旋转。

图 3-45　织物纹理变换对话窗

3. 旋转板片纱向(经纬向)

在【编辑纹理(2D)】工具状态下,单击选择需要修改纱向的板片,选中的板片的纱向线将变为黑色。拖动纱向线中间的淡绿色亮点,可以移动纱向线位置,并同时移动纹理图案。拖动纱向线端点处的淡绿色亮点,可以旋转纱向线,并且纹理图案也会相应地旋转。另外,选中板片后,在"属性编辑器"窗口中的织物的"纹理方向"项中输入角度数值,按"回车"键,可以精确调整板片的纱向。

此外,在【编辑纹理(2D)】工具状态下,在选中的板片上单击鼠标右键,系统弹出菜单,在菜单中选择相应功能,可以将板片的纱向"按照 X 轴排列经纱方向"或"按照 Y 轴排列经纱方向"。当选择"平行于选择的线"后,鼠标悬停在板片的某线段上时,鼠标下的线段将以蓝色高亮显示,同时板片的纱向将会与鼠标下的板片周边线段平行,确定好正确方向后,单击鼠标左键完成纱向的改变。通过右键菜单还可以进行纹理图案的水平或垂直翻转,以及删除纹理图案等操作。

除选择一个板片外,可以按下"Shift"键,鼠标单击需要调整纱向的纸样,或通过框选的方式,在 2D 板片窗口选择多个板片。当选中了多个板片后,只有最后一个板片的纱向线被激活,调整该板片的纱向时,被选中的其他板片的纱向也会同时被调整。

第五节　其他辅助工具

一、【归拔】工具

【归拔】工具像使用蒸汽熨斗一样使板片面料的局部产生收缩或拉伸的效果。

操作方法:单击【归拔】工具,此时 2D 板片窗口中的所有板片将以网格形式显示。归拔器参数设置窗口将出现在 2D 窗口左上角,见图 3-46。按照需要设定数值,参数包括收缩率、归拔尺寸、归拔的渐变率。参数设置完成后,在板片需要归拔的地方单击并拖动鼠标。当收缩率为负时,选择的区域以蓝色显示,表示该区域收缩;当收缩率为正时,选择的区域以橙红色显示,表示该区域拉伸。完成后激活【模拟】 ,便可看到归拔后的效果。

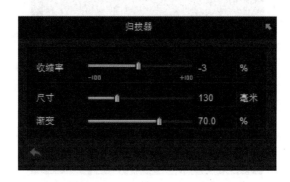

图 3-46 "归拔器"对话窗口

如果对归拔效果不满意,可以在【归拔】工具状态下,在板片上单击鼠标右键,系统弹出删除归拔菜单,选择"删除被选定板片的归拔"或者"删除所有归拔",归拔效果将根据选项被删除。

另外,也可以使用【编辑板片】 工具,在纸样上单击鼠标右键,在系统弹出的菜单中选择"删除所有归拔",同样可以删除所有归拔。

二、【粘衬条】 工具

【粘衬条】 工具用于在模拟时,对板片外周线添加粘衬条(黏合衬)来加固板片,提高硬挺感。

1. 粘衬条

操作方法:单击【粘衬条】 工具,在纸样的边线段上单击鼠标左键,选择一个需要加粘衬的板片外周线段。选中的线段将变为亮黄色,并且在板片的该边线内侧出现浅橙色条,表示衬条已加上。也可以利用鼠标框选纸样的多条板片的外周线,为多条线同时添加粘衬条。

添加衬条后,可以激活 【模拟】,查看效果。

2. 删除粘衬条

操作方法:在【粘衬条】 工具状态下,在板片的边线段上单击鼠标,选择一个需要删除"粘衬条"的板片外周线衬条,或利用鼠标框选板片的多条线,按"Delete"键或单击鼠标右键,在弹出的菜单中选择"删除粘衬条",删除 1 条或多条"粘衬条"。

3. 调整衬条属性参数

操作方法:在【粘衬条】 工具状态下,在板片的边线段上单击鼠标,选择一个"粘衬条"的板片外周线上的衬条,此时在界面右下侧的"属性编辑器"窗口中会出现该料条的相关属性参数。通过设计"宽度"值调整衬条的宽度;在"预设"中选择系统提供的衬条类型。对系统熟悉后,也可以在"细节"项目中进行对各个参数的调整。

三、【设定层次】工具

【设定层次】工具用于在 2D 板片窗口,设定两个板片之间的前后顺序关系,使 3D 服装的模拟更加稳定,如风衣、夹克等。

操作方法:单击【设定层次】工具,在 2D 板片窗口中的所有板片将只显示板片的外轮廓线。单击要设为外层的板片,选中的板片外轮廓线将变成红色,并且有一个红色箭头随鼠标移动。再单击另一个需要设在里层的板片,设定层次关系的两个板片之间生成黑色的箭头。箭头线的中间有一个符号"+",表示两个板片之间的顺序关系。

如果需要改变两个板片之间的顺序关系,使用【设定层次】工具,单击箭头中间的符号"+","+"变成"−",两个板片之间的顺序将会改变。

如果需要删除顺序关系,使用【设定层次】工具,单击箭头线,箭头线被选中变为亮色,按"Delete"键删除层次设定。

四、【板片标注】工具

【板片标注】用于为 2D 板片窗口中的板片添加注释说明。

操作方法:单击【板片标注】工具,在需要注释的板片上按下鼠标左键并拖拉出一个矩形文本框区域。在文本区域输入所需的注释文字,按"Ctrl+ Enter"键或单击该板片完成注释,注释文字将以蓝色字体显示在板片上。

在【板片标注】状态下,单击板片上的注释文字,激活该注释,可以对文字进行编辑修改。

五、【编辑注释】工具

【编辑注释】工具用于调整注释在板片上的位置以及删除注释。

操作方法:单击【编辑注释】工具,单击板片中的注释文字,注释周围出现点线边框,注释被选中。可以利用鼠标拖动注释文字移动位置,也可以按"Delete"键或通过右键菜单删除该注释。也可以按"Ctrl + A"一次性选中所有的板片注释;或通过框选、套索选择方式选择多个注释,按"Delete"键同时删除多个板片注释。

六、【板片标志】工具

【板片标志】工具用于在板片上添加工艺标记。

1. 添加标志

操作方法:单击【板片标志】工具,在需要增加工艺标志的板片周边线或者内部线上单击,并在界面右下侧的"属性编辑器"(Property Editor)窗口中的"线段类型"下拉列表框中选择所需要的板片工艺标记,该标记将出现在板片上。列表中的标记类型见图 3-47。

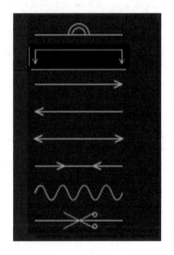

图 3-47　标记类型

2. 编辑标志

操作方法:在【板片标志】工具状态下,利用鼠标单击板片上已添加的工艺标记,标记被选中,在界面右下侧的"属性编辑器"(Property Editor)窗口中的"线段类型"下拉列表框中选择所需要的板片工艺标记,板片上的标记将被修改。

3. 删除标志

操作方法:在【板片标志】工具状态下,利用鼠标单击板片上已添加的工艺标记,选中要删除的标记,在键盘上按"Delete"键,或者在板片的工艺标记上单击右键,在弹出的菜单中选择"删除"键完成。也可以按"Ctrl+A"一次性选中所有的板片工艺标记,或通过框选、套索选择方式选择多个标记,按"Delete"键同时删除多个板片标志。

七、【放码】工具

服装板片的放码操作,在服装纸样设计 CAD 软件中进行更为方便。服装纸样设计 CAD 软件中通常会提供多种放码方式,如点放码、线放码、规则放码等。本章就不对【放码】工具做过多介绍了。

第四章 3D工作窗口工具

　　3D工作窗口的工具栏默认位于3D工作窗口的顶端,包括多个子工具栏,即模拟工具栏、服装品质工具栏、选择工具栏、假缝工具栏、安排工具栏、缝纫工具栏、动作工具栏、尺寸工具栏、纹理/图形工具栏、熨烫工具栏、纽扣工具栏、拉链工具栏、嵌条工具栏、贴边工具栏、3D画笔(服装)工具栏、3D(虚拟模拟)工具栏、模拟模特胶带和服装测量工具栏,见图4-1。通过这些工具,可以完成对三维服装的缝纫、模拟、纹理设置、测量等操作。由于3D工作窗口与2D板片窗口的部分工具的操作方法相同,如纹理工具、部分缝纫工具等。对于功能及操作方法均相同的工具将不再介绍,本章只介绍在操作方法上不同的工具。

　　由于窗口区域的尺寸有限,有时无法在窗口顶端显示出所有的工具栏,用户可以根据需要利用鼠标拖拽方式将各个工具栏移动到3D板片窗口的其他位置。在工具栏上单击鼠标右键,系统会弹出工具栏显示选择设置菜单,通过勾选或去勾选相应的工具栏,可以分别设置需要显示或隐藏的工具栏。

图4-1 3D工作窗口工具栏

　　在3D工作窗口的左上角显示设置工具,该工具共分六组,分别用于设置3D服装、3D附件、虚拟模拟、服装表面纹理、服装试穿图、模特纹理表面的显示与隐藏。将鼠标移至某一组相关设置的工具按钮上时,系统会自动显示出该组的所有设置工具,鼠标移至某一工具按钮上时,系统也会弹出信息提示标签,说明该工具的作用,见图4-2。各个按钮均为开关键方式,用户可以根据需要进行选择设置。如设置是否显示缝纫线、是否显示基础线、是否显示板片名等。

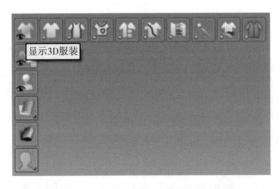

图4-2 3D工作窗口显示设置工具栏

第一节　模拟设置及安排工具

3D 工作窗口中与模拟设置、板片安排相关的工具栏,包括模拟工具栏、选择工具栏、安排工具栏、服装品质工具栏及熨烫工具栏。其中,模拟工具栏只包含 1 个【模拟】 工具,用于开启或关闭模拟的激活状态。选择工具栏包括【选择/移动】 、【选择网格】 、【固定针】 、【折叠安排】 四个工具,可以对服装板片的整体或局部进行调整、处理、操作,使虚拟服装的模拟更加顺利、效果更加真实。安排工具栏包括【重置 2D 安排位置(全部)】 、【重置 3D 安排位置(全部)】 两个工具,用于重置板片模拟前的位置,方便调整后重新进行模拟。服装品质工具栏包括【提高服装品质】 、【降低服装品质】 、【用户自定义分辨率】三个工具,用于设置模拟的相关参数。熨烫工具栏只有一个【熨烫】 工具,用于处理两个叠缝在一起的板片边缘的效果,以提高板片边缘的平整度。

一、【模拟】 工具

模拟工具栏只包含一个工具,即【模拟】 工具。在第二章入门部分,已对【模拟】工具做了简单的介绍。【模拟】工具是一个开关式按钮,通过单击可以开启或关闭"模拟"的激活状态。本节将补充之前没有讲述的功能。

长按【模拟】 工具,会弹出模拟选项菜单,CLO3D v5.0 包括模拟(GPU)、模拟(普通)、模拟(完成)、模拟(精密)四项,读者根据需要选择即可。各项的含义如下。

1. 模拟(GPU)

当缝纫制作一层 3D 服装时,可以选择此项,模拟速度较快,模拟速度将取决于电脑的显卡性能。由于使用 GPU 进行模拟的时候,冲突检测会以不同的算法来计算,使用 CPU 或 GPU 进行模拟的结果会有所不同。并且要注意,该功能仅支持 Windows 操作系统使用,并且该功能仅支持 NVDIA GeForce GTX 960 或更高配置的显卡的电脑使用。

2. 模拟(普通)

当缝纫制作多层 3D 服装时,可以选择此项 。该选择可以准确地计算并反映面料的属性。

3. 模拟(完成)

完成 3D 服装后,再选择模拟(完成)功能。当模拟选择该项时,服装模拟将更加准确,但是模拟速度将会比较慢。

4. 模拟(精密)

在完成 3D 服装后看试穿效果时,可以选择该选项,服装的模拟将更加准确,并且织物的拉伸将会表现得更加真实。

CLO3D v5.2 版本对这四个模拟选择名称稍有调整,分别为快速(GPU)、普通速度(默认)、动画(完成)、试穿(面料属性计算)四项,意义与 v5.0 相同。

二、【选择/移动】🔳工具

【选择/移动】🔳工具用于在 3D 工作窗口中选择及移动服装的板片。

【选择/移动】工具在模拟激活或未激活时的功能是不同的。当【模拟】工具未激活时,【选择/移动】工具的图标为🔳,可以对 3D 工作区中的板片进行移动、旋转,调整板片在 3D 空间的位置和角度,以有利于后续的模拟操作更准确。当【模拟】工具激活时,该工具的图标变为🔳,此时可以对模拟服装的某一板片的局部进行拖拽,对模拟的服装进行适当的调整。

1. 选择、移动板片

操作方法:当【模拟】工具未激活时,点击【选择/移动】🔳工具,点击选择 3D 工作区中的服装的某一板片。被选择的板片将处于高亮状态,并且在板片上出现用于移动、旋转的定位球,见图 4-3。拖动中间的黄色矩形,可以移动板片。拖动绿色圆弧可以沿水平面左右方向旋转板片,拖动蓝色圆弧可以沿顺时针或逆时针方向旋转板片,拖动红色圆弧可以沿前后方向旋转板片。

2. 调整服装局部

操作方法:当【模拟】工具激活时,【选择/移动】工具的图标将变为手形图标🔳。此时在 3D 工作区中的鼠标光标显示为手形光标,点击选择 3D 工作区中的服装的某部位,并进行拖曳,可以对 3D 服装的局部形态进行小的调整,见图 4-4。

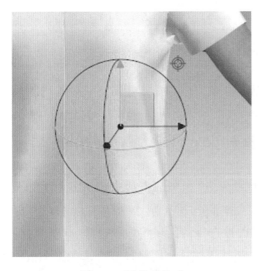

图 4-3　板片定位球

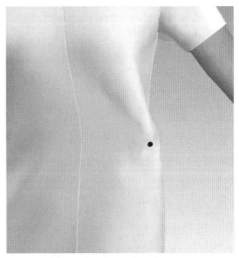

图 4-4　拖曳调整服装局部

三、【选择网格】🔳工具

【选择网格】🔳工具用于在 3D 工作区自由选择一个网格区域,并可以进行拖动。

操作方法:点击【选择网格】工具后,工作区中的服装板片均显示为网格状态,见图4-5。

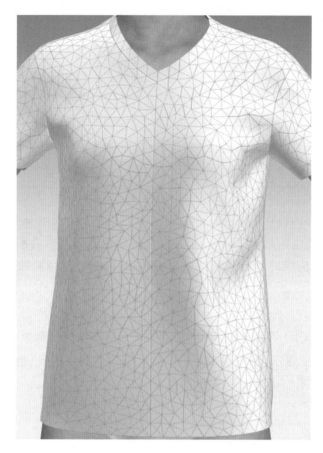

图4-5 服装样片显示为网格状态

长按【选择网格】工具2秒,该工具会下拉选择菜单,分别为【选择网格（箱体）】■、【选择网络（绳套）】■。【选择网格（箱体）】可以利用鼠标框选的方式选择一个矩形区域的网格。【选择网络(绳套)】可以利用鼠标在3D工作区随手圈选一个随意形状的区域网格,被选中的网格区域将变为绿色,并可以利用鼠标进行拖曳、移动。

在进行网格的选择操作时,同时按下键盘上的"Ctrl"和"Shift"键来选择多个网格区,进行加法选择。当仅按下"Ctrl"键时,可拖选取消选择的部分,进行减法选择。当仅按下"Shift"键时,可拖选进行反向选择,即在拖选的区域中,以前被选择的区域将取消选择,未被选择的区域被选中。在2D板片窗口或3D工作窗口中,双击板片内的一个网格顶点可选中整个板片网格。双击板片外周线上的一个网格顶点,或内部图形/内部线上的网格顶点,可以选中板片上的一条连续线,并且当线与线之间夹角超过20°时选择结束。

四、【固定针】■工具

【固定针】■工具用于将服装的某一部分进行固定,在进行模拟时,该部分的形态不会发生变化。

1. 创建固定针

操作方法:点击【固定针】▨工具后,工作区中的服装板片均显示为网格状态,网格颜色为淡红色。长按【选择网格】工具 2 秒,该工具会下拉选择菜单,分别为【固定针▨(箱体)】、【固定针▨(绳套)】。固定针(箱体)可以利用鼠标框选方式选择一个矩形区域的网格。【固定针(绳套)】可以利用鼠标在 3D 工作窗口随手圈选出一个随意形状的区域网格。设置为固定针的网格点将变为红色,网格将变为淡红色,当设置为固定针网格区被选中时显示为肉色,此时可以利用鼠标对选中的网络点进行拖曳、移动以及进行三个方向的旋转。

在【固定针】工具进行固定针的选择操作时,在默认状态下,同时按下键盘上的"Ctrl"和"Shift"键时,可以选择多个固定针区,进行加法创建。当仅按下"Ctrl"键时,可以拖选需要取消固定针的区域,进行减法创建。当仅按下"Shift"键时,可以拖选进行反向设置,即在拖选的区域中,以前被设置为固定针的区域将取消固定针设置,未被设置为固定针的区域被设置为固定针。在 2D 板片窗口或 3D 工作窗口中,双击板片内的一个网格顶点可为整个板片设置固定针。双击板片外周线上的一个网格顶点或内部图形/内部线上的网格点,将会沿一条线连续创建固定针,并且当线与线之间夹角超过 20°时结束创建固定针。

此外,在【选择/移动】▨工具状态下,按下键盘上的"W"键,在服装板片上需要添加固定针的位置单击鼠标添加固定针。如果位置点已被设置为固定针,则会取消该点的固定针设置。但要注意的是,当输入法为非系统自带的英文输入法时,如中文输入法,可能无法通过按下键盘上的"W"键并点击板片的目标位置来创建固定针。所以使用该方法创建固定针前,需要确认输入法是否已设置为英文输入法。

2. 删除固定针

操作方法:在【固定针】工具状态下,在固定针区域单击鼠标右键,在系统弹出的菜单中选择"删除所有固定针"或"删除所选择的固定针",对固定针进行所需要的删除。按"Ctrl + W"可以删除所有固定针。

五、【折叠安排】▨工具

【折叠安排】▨工具为了更方便地产生样片翻折的模拟效果,可以在进行试穿模拟前或初步模拟后,利用该工具对需要翻折的样片进行翻折处理,如翻领、克夫以及折叠缝份等。

操作方法:点击【折叠安排】▨工具,3D 工作窗口中将显示所有服装上的内部线/图形。点击需要折叠的内部线/图形,将会出现折叠定位球,见图 4-6。可以根据需要沿着蓝色圈,拖动红色或绿色轴进行旋转,从而样片进行翻折处理。在服装穿着模拟后,仍然可以使用【折叠安排】工具进行样片的折叠操作。比如对服装袖口的翻折处理就可以在服装的穿着模拟完成后,再进行翻折处理,翻折后再进行模拟。

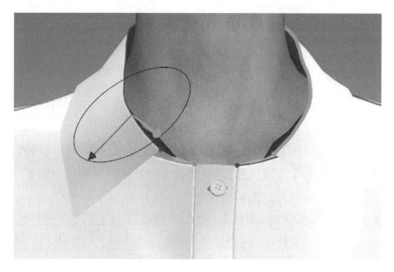

图 4-6　折叠定位球

六、【重置 2D 安排位置(全部)】 工具

【重置 2D 安排位置(全部)】 工具用于展平 3D 工作区中的全部板片,并且按照 2D 板片窗口中的板片排列,在 3D 工作窗口中排列全部服装板片。

操作方法:点击【重置 2D 安排位置(全部)】 工具,系统将重置 3D 工作窗口中的全部服装板片。如果只想重置个别板片,可以利用【选择/移动】工具,并按下键盘上的"Shift"键,在 3D 工作窗口或 2D 板片窗口中选中多个板片后,在 3D 工作窗口的板片上单击鼠标右键,在系统弹出菜单中选择"重设 2D 安排位置(选择的)",则只重置所选中的服装板片。

七、【重置 3D 安排位置(全部)】 工具

【重置 3D 安排位置(全部)】 工具用于将全部板片的安排位置重新恢复到模拟前的位置。当服装在模拟后某一局部出现问题时,可以利用此工具重置板片的 3D 安排位置,再对出现问题的板片进行 3D 位置或缝纫方面的调整与修改,调整完成后再重新进行模拟。利用该工具可以解决部分模拟后出现的问题。

操作方法:点击【重置 3D 安排位置】 工具,系统将重置 3D 工作区中的全部服装板片。如果只想重置个别板片,可以按下键盘的"Shift"键,在 3D 工作窗口或 2D 板片窗口中相应选择一个或多个板片后,在 3D 工作窗口的板片上单击鼠标右键,在系统弹出的菜单中选择"重设 3D 安排位置(选择的)",所选择的服装板片将被重置到模拟前的安排位置;或者在完成板片选择后,按"Ctrl + F"键,将所选择的服装板片重置到模拟前的安排位置。

八、【提高服装品质】 工具

【提高服装品质】 工具用于设置提高服装模拟真实感的相关参数,如粒子间距、板片厚

度-冲突、模拟品质等。

操作方法:点击【提高服装品质】工具后,系统会弹出"高品质属性"设置对话窗,并提供了高品质设置的一些默认属性值,见图4-7。如粒子间距为5mm,板片厚度-冲突为1mm等。用户也可以根据需要进行调整,设置完成后按"确认"按钮。此时,粒子间距在"适用范围"数值内的所有板片参数将被修改。高品质设置下,模拟的速度会比较慢。通常可以在完成低品质的模拟穿着后,再改为高质品设置,进行模拟。

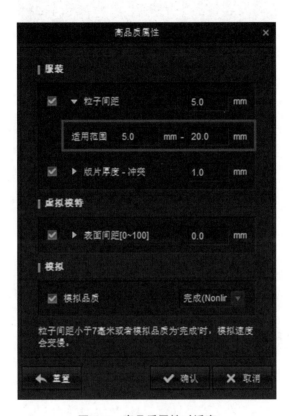

图 4-7 高品质属性对话窗

九、【降低服装品质】 工具

【降低服装品质】 工具用于设置提高服装模拟速度的相关参数设置。

操作方法:点击【降低服装品质】工具后,系统会弹出"低品质属性"设置对话窗,并提供了低品质设置的一些默认属性值,见图4-8。如粒子间距为20mm,板片厚度-冲突为2.5mm等。用户也可以根据需要进行调整,设置完成后按"确认"按钮。此时,粒子间距在"适用范围"数值内的所有板片参数将被修改。在低品质设置下,模拟的速度会比较快,模拟效果稍差。

【提高服装品质】工具和【降低服装品质】工具将会设置当前项目中所有符合"适用范围"数值的板片。如果希望对各个板片进行单独的设置,如小的板片采用较小的粒子间距,大的板片采用稍大的粉子间距,则需要在选中板片后,在"属性编辑器"窗口中进行相应的设置。当进行

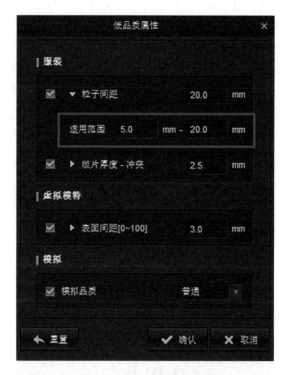

图 4-8　低品质属性对话窗

服装品质设置后,【模拟】工具的选项也会根据此设置发生相应的变化。其中,CLO3D v5.0 版本的高品质服装的模拟选项将设置为"模拟(精密)",低品质服装的模拟选项将设置为"模拟(普通)"。

十、【用户自定义分辨率】工具

【用户自定义分辨率】工具用户根据需要保存、设置自己所需要的板片分辨率。

操作方法:点击【用户自定义分辨率】工具,系统会弹出"用户自定义分辨率"窗口,见图 4-9(a)。在"用户自定义分辨率"窗口的右上角,点击自定义品质图标,当前的服装板片分辨率的相关设置参数将会保存在列表中,默认名称为"Custom_1",见图 4-9(b)。读者可以根据需要单击该项进行名称的修改。保存的参数值包括每个板片的"粒子间距""冲突厚度",模特"表面间距""模拟品质"。对于已保存的自定义属性值,可以通过双击之前的保存项,自定义分辨率参数将应用于当前服装的设置。

十一、【熨烫】工具

【熨烫】工具用于产生类似熨烫过的效果,尤其针对两个叠在一起缝纫的板片边缘,提高服装模拟的真实感。如双层的领片、门襟等。

操作方法:点击【熨烫】工具,再点击要熨烫的一个板片。选中的板片将变为透明状态,再点击另一层板片。这两个被选中的板片上缝纫线的类型将变为 Turned。熨烫操作后,当激活

（a）自定义分辨率对话窗口　　　　　　　　（b）保存当前项目的分辨率参数

图 4-9　用户自定义分辨率对话窗

模拟时,这两个缝纫在一起的双层板片和鼓起的板片边缘将会变得平整。

十二、3D 工作窗口右键菜单功能

在 3D 工作窗口中,利用【选择/移动】工具,选中服装的板片后,单击鼠标右键,弹出的菜单中包含五个与模拟有关的功能项,即【反激活(板片)】【反激活(板片和缝纫线)】【冷冻】【硬化】和【形态固化】。

1.【反激活(板片)】/【激活】

板片【反激活(板片)】后,会变为半透明的浅紫色,在模拟激活时,不会进行模拟试穿,保持在原位置不变。但如果该板片有缝纫线,仍然会参与缝纫过程,只是不会因模拟而发生变形。【反激活(板片)】处理的板片可以通过【激活】恢复。

2.【反激活(板片和缝纫线)】/【激活】

板片通过【反激活(板片和缝纫线)】工具,会变为半透明的浅紫色,在模拟激活时,不会进行模拟试穿,保持原位置不变,也不会参与缝纫过程。【反激活(板片和缝纫线)】处理的板片可以通过【激活】恢复。

3.【冷冻】/【解冻】

【冷冻】功能用于固定住板片。在模拟过程中,反激活的板片不会发生冲突检测,而冷冻的板片仍然会发生冲突检测。因此,冷冻更加适用于处理多层服装的模拟。如可以首先调整并冷冻内层服装,然后再调整外层服装,可以解决服装模拟的不稳定。【冷冻】处理过的板片可通过【解冻】恢复。

4.【硬化】/【解除硬化】

【硬化】功能用于在服装模拟时使板片暂时变硬。在 3D 工作窗口中折叠板片或使板片变直时可以使用硬化功能。当板片被硬化后,板片将变为橙色。变硬的板片在折叠时,折叠效果

会比较整齐。【硬化】处理过的板片通过【解除硬化】恢复。

5.【形态固化】

【形态固化】是以单个板片为一单位保持服装模拟后的形态。如固化牛仔裤在模拟后膝盖部位产生的折痕。形态固化后,可以在"属性编辑器"窗口,调整形态固化的力度数值。力度越大,形态维持就越好。

第二节　缝纫相关工具

在 3D 工作窗口中,与缝纫相关的工具栏包括缝纫工具栏、假缝工具栏。其中缝纫工具栏包括【编辑缝纫线】■、【线缝纫】■和【自由缝纫】■三个工具。假缝工具栏包括【假缝】■、【编辑假缝】■、【固定到虚拟模特上】■三个工具。缝纫工具栏中的【编辑缝纫线】■、【线缝纫】■与 2D 板片窗口操作方法相同,本节就不再介绍了,本节只介绍与 2D 板片窗口操作稍有不同的【自由缝纫】工具。

一、【自由缝纫】■工具

【自由缝纫】■工具用于在 3D 工作窗口中,在板片外周线或内部图形/线上创建缝纫线。

操作方法:点击【自由缝纫】■工具,此时在 3D 工作窗口中所有可以缝纫的线均呈现出来,同时在 2D 和 3D 工作窗口中也会显示出所有已创建的缝纫线。在 3D 工作窗口中可以创建缝纫线的板片周边线或内部线。向上移动鼠标时,鼠标光标位置下的线段上会出现一亮蓝色的指引点。在适当的位置单击鼠标左键,创建第一条缝纫线的起始点。当沿线移动鼠标时,从始起点至鼠标当前位置的线上的点会出现亮蓝色显示的线,表示将要创建的第一条缝纫线的当前状况,可以通过单击鼠标沿线设置自由连续的缝纫线。最后在缝纫线的终点位置双击鼠标左键,设置第一条缝纫线的终点,完成第一条缝纫线的创建。用同样方法,在需要与第一条缝纫线缝合在一起的另一个板片外周线或内部线上单击鼠标左键,创建另一条缝纫线的起始点。沿线移动鼠标时,从始起点至鼠标当前位置的线上的点也会出现亮蓝色显示的线,表示将要创建的第二条缝纫线的当前状况,可以单击鼠标沿线设置自由连续的第二条缝纫线。最后在缝纫线的终点位置双击鼠标左键,设置第二条缝纫线的终点,完成第二条缝纫线的创建。至此,自由缝纫线创建完成,创建的缝纫线将在 2D 板片窗口和 3D 工作窗口显示出来。

二、【假缝】■工具

【假缝】■工具可以在已模拟穿着的服装上设置假缝点,用于临时捏褶、调整服装等操作。

操作方法:点击【假缝】■工具,在 3D 工作窗口,在已穿着的服装上单击设置一个起始点。此时,在单击的位置上会出现一个蓝色点,同时有一根虚线随着鼠标光标移动。在结束点单击鼠标创建另一个点,两点之间的直线将以黄色高亮显示。在 2D 板片窗口的对应板片上也同时会生成假缝标志线。激活【模拟】工具后,模拟时服装上的这两个点将会互相靠近。另外,假缝也可以在 2D 板片窗口中创建。

三、【编辑假缝】 工具

【编辑假缝】 工具用于调整假缝位置及假缝针之间线的长度,或删除不需要的假缝。

操作方法:点击【编辑假缝】 工具,3D 工作窗口中的服装将变为半透明状态,假缝线也将显示出来。可以利用鼠标拖动假缝端点来调整假缝位置及假缝之间线的长度。当假缝线段被选中时,显示为亮黄色,此时按下键盘上的“Delete”键或单击鼠标右键,在弹出的菜单中选择“删除”,删除选中的假缝线。

四、【固定到虚拟模特上】 工具

【固定到虚拟模特上】工具用于暂时地将服装上的某一点固定到虚拟模特的某一位置上。

操作方法:点击【固定到虚拟模特上】 工具,在 3D 工作窗口的服装上点击需要固定到虚拟模特上的点。此时选中的服装将变为透明状态,点击的位置上会出现一个点,同时将出现一条跟随鼠标移动的虚线。点击虚拟模特上的一点,服装将变回不透明的状态。完成【固定到虚拟模特上】操作后,可以激活模拟状态,服装在模拟的同时,两点会相互靠近,服装上的该点将会固定在虚拟模特的对应点上。

与假缝一样,【固定到虚拟模特上】工具创建的固定线段也可以利用【编辑假缝】工具调整固定点位置。当固定线段被选中时,显示为亮黄色,此时按下键盘上的“Delete”键或单击鼠标右键,在弹出的菜单中选择“删除”键,即可删除固定线段。

第三节　辅料工具

本节主要介绍与辅料相关的工具,这些工具栏包括纽扣工具栏、拉链工具栏、嵌条工具栏和贴边工具栏,其中纽扣工具栏包括【纽扣】 、【扣眼】 、【系纽扣】 、【选择/移动纽扣】 四个工具;拉链工具栏只有【拉链】 工具;嵌条工具栏包括【嵌条】 和【编辑嵌条】 两个工具;贴边工具栏包括【贴边】 和【编辑贴边】 两个工具。

一、【纽扣】 工具

【纽扣】 工具用于在服装上安装纽扣。

操作方法:点击【纽扣】 工具,3D 工作窗口及 2D 板片窗口中的鼠标光标将变为纽扣形式,单击 3D 服装或 2D 板片上需要安装纽扣的位置,就可以在指定位置安装一个纽扣。此外也可以通过输入纽扣位置数据安装纽扣。当鼠标在 2D 板片窗口的板片上移动时,鼠标光标的四周会出现该点距板片四周的距离,此时单击鼠标右键,系统弹出“移动距离”对话窗口,见

图 4-10。通过设置相应的距离数值,精确定位安装的纽扣位置,点击"确认"键完成。

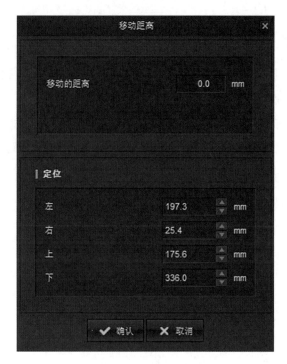

图 4-10　移动距离对话窗

二、【扣眼】━工具

【扣眼】━工具用于在服装上创建扣眼。

操作方法:点击【扣眼】━工具,3D 工作窗口及 2D 板片窗口中的鼠标光标将变为扣眼形式,单击 3D 服装或 2D 板片上需要安装扣眼的位置,就可以在指定位置创建一个扣眼。此外也可以通过输入扣眼位置数据创建扣眼。当鼠标在 2D 工作窗口的板片上移动时,鼠标光标的四周会出现该点距板片四周的距离,此时单击鼠标右键,系统弹出"移动距离"对话窗口,该对话窗与【纽扣】工具相同。通过设置相应的距离数值,精确定位创建的扣眼,点击"确认"按钮完成。

三、【选择/移动纽扣】工具

【选择/移动纽扣】工具用于移动或删除纽扣、扣眼。

操作方法:点击【选择/移动纽扣】工具,在 2D 板片窗口的板片或 3D 工作窗口的服装上点击纽扣或扣眼,并拖动到所需的位置,选中的纽扣或扣眼将会被移动到相应位置。在拖动纽扣或扣眼时,同时按下鼠标右键,系统会弹出移动距离对话窗口,在对话窗口中输入需要移动的距离数值或定位数值,按"确认"按钮完成。此外,在 3D 工作窗口选中纽扣后,在纽扣前会出现 3D 定位球,见图 4-11。通过操作定位球,可以对纽扣的方位、角度进行调整。

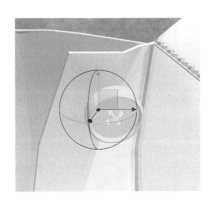

图 4-11 纽扣 3D 定位球

如果需要删除纽扣或扣眼,可以在 2D 板片窗口或 3D 工作窗口中,单击选择要删除的纽扣或扣眼,按"Delete"键,或在纽扣、扣眼上单击鼠标右键,并在弹出菜单中选择"删除"项,进行删除。在选择纽扣或扣眼时,同时按下键盘上的"Shift"键,可以同时选中多个纽扣或扣眼。如果需要选择服装上的所有纽扣及扣眼,可以按键盘上的"Ctrl + A"键。

四、【系纽扣】▣工具

【系纽扣】▣工具用于系上或解开纽扣和扣眼。

1. 系纽扣

操作方法:点击【系纽扣】▣工具,此时 3D 工作窗口中的服装板片将变为半透明状态。在 2D 板片窗口或 3D 工作窗口,先后点击纽扣和扣眼,纽扣将会移动到扣眼上。同时,在 3D 工作窗口的纽扣和扣眼的旁边会出现一个锁住的图标,见图 4-12。系纽扣后,当激活模拟时,两个板片对应的纽扣点与扣眼点将被缝合在一起。

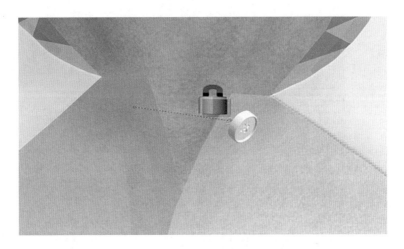

图 4-12 系纽扣

如果同时要系上多个纽扣和扣眼,可以在 2D 板片窗口中,点击并且拖动鼠标以框选所有需要系的纽扣,在 2D 板片窗口移动鼠标时,每一个纽扣都会出现一条箭头线,随鼠标一起移动。点击与第一个纽扣系在一起的扣眼。采用这一操作方法时,要求每个纽扣与扣眼在相对位置保持一致,此时在移动鼠标时,从每一个纽扣引出的箭头线才能正确对应到各自扣眼。否则同时系多个纽扣的操作将不会正确完成。

2. 解纽扣

操作方法:点击【解纽扣】工具,此时 3D 工作窗口中的服装板片变为半透明状态。在 2D 板片窗口或 3D 工作窗口中,点击已经系好的纽扣,纽扣将被解开并回到先前位置。挂锁图标将从 3D 工作窗口的纽扣和扣眼旁边消失。

五、【拉链】工具

【拉链】工具用于在服装上安装拉链,以及进行一些与拉链相关的操作。如解开/闭合拉链、设置拉链属性等。

1. 创建拉链

操作方法:点击【拉链】工具,在 3D 工作窗口中,当鼠标移至服装板片的周边线上时,板片的周边线上会出现一个蓝色高亮点,并随鼠标移动。在需要添加拉链的板片外周线上点击鼠标,此点定为拉链的起始点。然后沿着板片周边线移动鼠标,将出现一条代表拉链的蓝色高亮线段。沿板片周边线,在拉链的结束端双击鼠标,则完成一侧拉链的创建,该侧拉链线段变为黑色。再点击需要生成另一侧拉链的板片外周线的拉链起始位置,然后移动鼠标。在该板片外周线基于鼠标移动方向上,将出现一个蓝点,代表与已创建完成的一侧拉链长度相同的位置点。在该点上双击鼠标,完成拉链的创建。此时,在拉链的两条链条之间出现类似缝纫线的连接线段,表示在模拟时拉链是闭合的。此时,拉链头也同时被添加,见图 4-13。

图 4-13　创建拉链

服装板片上的拉链创建完成后,可以点击【模拟】工具激活模拟,拉链将模拟拉上。

使用【拉链】工具在板片上创建拉链的过程中,按键盘上的"Esc"或"Ctrl+Z"键,所有操作将被取消。按键盘上的"Delete"或"Backspace"键,将撤销最后一步操作。

2. 解开/闭合拉链

可根据试穿模拟的需要,进行拉开或闭合拉链。解开/闭合拉链功能可以利用【选择/移动】工具来实现。

操作方法:点击【选择/移动】工具,点击并拖动拉链头,选中的拉链头将显示黄色高亮。继续拖动拉链头至合适的位置松开鼠标,拉链头将移动到新的位置。此时会发现,有一部分在模拟时拉链会闭合的连接线段消失了,表示这段拉链在模拟时不会拉上闭合。完成后,可以点击【模拟】工具激活模拟,拉链将在新的位置上拉开或闭合,拉链部分拉开的模拟效果见图4-14。

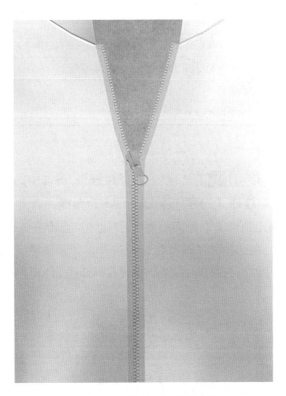

图4-14　拉链拉开的模拟效果

3. 设置拉链条属性

操作方法:点击【选择/移动】工具,选择拉链条,被选中的拉链条以亮黄色显示。拉链属性将在右侧的"属性编辑器"窗口中显示出来,可以根据需要进行修改。拉链条主要属性参数见表4-1。

表 4-1　拉链条属性参数

属性名		属性描述
名字		表示拉链名称,可以根据需要进行修改
线的长度		显示拉链的长度数值,但拉链长度值不能在属性编辑器窗口中修改
宽度		表示拉链的宽度,数值范围为 0.5～20.0mm。数值修改后,拉链纹理图像将会产生相应的宽度变化
厚度		拉链的厚度,数值范围为 0～10.0mm
粒子间距		拉链条的粒子间距,取值范围为 1.0～700.0mm
系拉链		设置拉链的状态,如果是"On"状态,模拟时拉链将会拉上,呈关闭状态,否则是相反状态
折叠	强度	设置拉链及板片间的折叠强度
	角度	设置拉链与服装板片之间的折叠角度,默认为 180°,也可以根据需要进行调整
材质属性	类型	为下拉列表框,可以根据需要下拉选择
	纹理	用于更改拉链的贴图纹理
	法线贴图	可以为拉链条添加法线贴图,通过设置法线贴图来提高立体效果
	强度	设置法线贴图的应用强度,数值增加,拉链立体感将会提高
	颜色	设置拉链条的颜色
	透明度	设置拉链条的透明度,100 表示不透明,0 表面完全透明

4. 拉链头的定位球功能

操作方法:点击【选择/移动】![icon]工具,点击选择拉链头,被选中的拉链头将以亮黄色显示,并同时在拉链头位置出现定位球,用于调整拉链头的方位角度。点击并拖动定位球的蓝色圈沿着 Y 轴旋转。点击并拖动定位球的绿色圈沿着 X 轴旋转。点击并拖动定位球的红色圈沿着 Z 轴旋转。如果只旋转拉片,在选择时可以单独选择拉片。如果要重置拉头的位置和角度,可以在拉头上单击鼠标右键,在弹出的菜单中选择"重设拉链头位置"即可(图 4-15)。

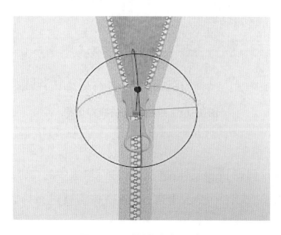

图 4-15　拉链头定位球

5. 设置拉链头属性

操作方法:点击【选择/移动】 工具,点击选择拉链头,被选中的拉链头将以亮黄色显示。选中拉链头后,拉链头的属性将在右侧的"属性编辑器"窗口中显示出来,可以根据需要进行修改。拉链头主要属性参数见表4-2。

表 4-2　拉链头属性参数

属性		属性说明
名称		表示拉链头的名称,读者可以根据需要进行修改
种类	拉头	设置拉链头的类型,下拉列表框,可选择的拉链头类型如下:
	拉片	设置拉链头上的拉片类型,下拉列表框,可选择的拉片类型如下:
格式	大小	下拉列表框,可以选择拉链头的号型,#3~#10
	%	基于百分比设置拉链头尺寸
	重量(g)	调整拉链头的重量
系拉链	设置拉链是否拉上	如果是"On"状态,模拟时拉链将会拉上,否则不拉上
	调转系的方向	如果是"On"状态,拉链头将调转拉的方向
	移动到反向拉齿	如果是"On"状态,拉链头将移至另一边拉链条上,解开拉链时,选择放置拉链头的位置
材质属性	类型	下拉列表框,可以根据需要选择
	纹理	用于更改拉链头的贴图纹理
	法线贴图	为拉链头添加法线贴图,以提高立体感
	强度	设置法线贴图的应用强度,数值增加,拉链头的立体感将会提高
	颜色	设置拉链头的颜色
	透明度	设置拉链头的透明度,100 表示不透明,0 表示完全透明
	高光强度	设置高光的强度
	高光图	通过一张代表高光的图来表现高光的效果
	反射强度	设置拉链头表面反射光的强度

6. 拉链条/拉链头的右键菜单功能

除通过"属性编辑器"窗口外,拉链条及拉链头的相关操作还可以通过右键菜单进行。拉链条或拉链头被选中后,单击鼠标右键,弹出的菜单中提供了一些操作拉链条或者拉链头的功能,主要功能见表4-3。

表 4-3　拉链右键菜单功能

	拉链条	拉链头
删除	删除选中的拉链头和拉链条	
反激活	反激活或者激活选中的拉链条和拉链头	
冷冻	冷冻或解冻选中的拉链头和拉链条	
调换（拉齿上右击鼠标）	将点击的这一侧拉链条的拉合线调转方向	—
表面翻转（拉齿上右击鼠标）	将点击的这一侧拉链条的表面翻转,如果该侧有拉链头,拉链头也一同翻转	—
重设拉链头位置	—	将拉链头的位置及角度重置为初始状态
显示/隐藏拉链头	—	显示或隐藏拉链头

六、【嵌条】工具

【嵌条】工具用于在板片的边线创建嵌条(绳边)。

操作方法:点击【嵌条】工具,在可添加嵌条的板片的边缘或内部线上会出现点画线。当鼠标悬停在线上时,线上会出现一个蓝色的点,并随鼠标在线上移动。在点划线上单击鼠标左键创建嵌条的起始点,沿着点画线移动鼠标,在结束位置双击完成嵌条的创建。嵌条将显示在服装上。如果需要为某个板片的整个外轮廓线添加嵌条,则可以在板片外周线上点击创建第一个点,沿板片周边线移动,点击创建第二个点,再将鼠标移回第一点位置,此时板片的这一周边线将会显示为加粗的亮蓝色。再次点击第一个点,板片的整个外轮廓线将被添加嵌条。旗袍立领与大襟加嵌条(绳边)后的模拟效果见图4-16。

七、【编辑嵌条】工具

1. 编辑嵌条长度

操作方法:点击【编辑嵌条】工具,在嵌条的顶端将出现一个可编辑的线段,隐藏的嵌条将暂时以半透明显示,点击并拖动端点可调整嵌条长度。

2. 设置嵌条属性

操作方法:点击【编辑嵌条】工具,将鼠标移至某一嵌条上时,嵌条线将以亮蓝色显示。

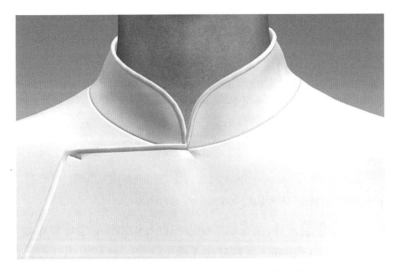

图 4-16　旗袍立领与大襟加嵌条后的模拟效果

点击选中该嵌条,在"属性编辑器"窗口中可以调整嵌条的物理属性。嵌条的选择也可以利用【选择/移动】工具完成。嵌条的属性参数见表 4-4。

表 4-4　嵌条的属性参数

属性	属性说明
名字	设置嵌条名称,可以根据需要进行修改
线的长度	显示选中的嵌条的长度,在属性编辑器中不可以修改
宽度(mm)	可以调整选中嵌条的宽度,数值在 1~15mm
粒子间距(mm)	可以调整选中嵌条的粒子间距,数值在 1~5mm
隐藏	可以设置显示/隐藏所选中的嵌条
织物	通过下拉列表方式选择,为嵌条选择纹理

3. 嵌条的右键菜单功能

利用【编辑嵌条】工具或者【选择/移动】工具,选中嵌条后,在需要编辑的嵌条上单击鼠标右键,将弹出与嵌条功能相关的菜单。菜单项功能见表 4-5。

表 4-5　嵌条右键菜单功能

右键菜单项	功能说明
删除	删除选中的嵌条
刷新所有嵌条	刷新所有选中的嵌条,使形态重回初始形态
反激活/激活	反激活/激活选中的嵌条
冷冻/解冻	冷冻/解冻选中的嵌条
四方格	将嵌条网格类型变为四方形

右键菜单项	功能说明
三角形	将嵌条网格类型变为三角形
隐藏	隐藏选中的嵌条
显示所有嵌条	显示所有嵌条

八、【贴边】■工具

【贴边】■工具用于沿着板片外周线创建贴边。

操作方法:点击【贴边】■工具,在可添加贴边的板片周边线上会出现点画线。当鼠标悬停在线上时,线上会出现一个红色的点,并随鼠标在线上移动。红色点表示当前位置不能作为贴边的起始点。应该注意,贴边的起始点是板片周边某线段的端点。当鼠标移至板片周边线的线段端点时,点会变为蓝色,说明此点位置可以作为贴边的起始点。在点画线上单击鼠标左键创建贴边的起始点,沿着点画线移动鼠标,在板片周边线上会产生一条高亮的线,从贴边起始点至鼠标当前位置。如果该高亮线为红色,说明当前位置不能创建贴边,当高亮线为蓝色时表示当前位置可以创建贴边。依次点击创建贴边的点,在结束位置双击完成贴边。当贴边创建完成后,它的属性将出现在"属性编辑器"窗口中,可以对其属性参数根据需要进行设置。

例如在袖口创建贴边,可以在袖口样片袖口线的一个端点为起始点,沿袖口线移动鼠标,在袖口线某位置点击鼠标,此时会产生第二个点以确定贴边产生的沿线路径方向。再回到起始点处双击鼠标,完成贴边创建,此时袖口产生贴边。袖口贴边效果见图 4-17。

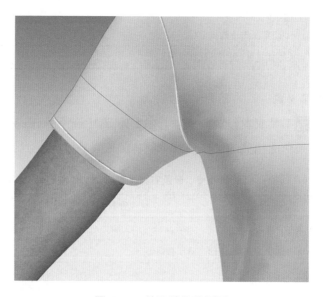

图 4-17　袖口贴边效果图

九、【编辑贴边】🔲工具

【编辑贴边】🔲工具用于调整贴边的属性参数或删除贴边。

1. 创建贴边

操作方法:点击【编辑贴边】🔲工具或者点击【选择/移动】➕工具(只有在贴边类型为外翻状态时),在3D工作窗口选择需要编辑的贴边,选中贴边后,就可以在"属性编辑器"窗口中设置贴边属性。贴边的属性参数见表4-6。

表4-6　贴边的属性参数

贴边属性		属性说明
名字		为贴边的名称,读者可以根据需要进行修改
类型		下拉列表选项,选择贴边向里翻或向外翻,即贴边放置于板片外侧(Over)还是内侧(Under)
尺寸	长度(%)/mm	查看贴边的长度,但无法修改
	粒子间距(mm)	设置选中的贴边的粒子间距,范围为1~20mm
	增加厚度-冲突(mm)	设置贴边的冲突厚度
织物		通过下拉选择菜单方式,为贴边选择纹理(面料类型),当贴边处于外翻状态时,就可以看到贴边面料的纹理
明线		在贴边上添加明线,当贴边处于外翻状态时,可以看到贴边表面的明线,共A、B两条,可以分别设置这两条线的可见或隐藏
缝纫线类型		编辑贴边的缝纫线类型,可以调整贴边的折叠强度及折叠角度,但该数值要与折边类型相配合

2. 更改贴边状态(右键菜单功能)

点击【编辑贴边】🔲工具或者点击【选择/移动】➕工具(只有在贴边类型为外翻状态时),选中贴边后,在需要编辑的贴边上单击鼠标右键,将弹出与贴边功能相关的菜单。菜单项功能见表4-7。

表4-7　贴边右键功能菜单项

右键菜单功能	功能说明
删除	删除选中的贴边
重置位置	重置贴边位置,使用该功能来处理不稳定的模拟
反激活/激活	反激活/激活选中的贴边
冷冻/解冻	冷冻/解冻选中的贴边

第四节　测量检查工具

测量检查工具栏包括虚拟模特胶带工具栏、尺寸工具栏、服装测量工具栏。其中虚拟模特胶带工具栏包括【虚拟模特圆周胶带】、【线段虚拟模特胶带】、【贴覆到虚拟模特胶带】、【编辑虚拟模特胶带】四个工具。尺寸工具栏包括围度测量、长度测量两个测量工具以及【编辑尺寸】工具。其中围度测量工具包括【圆周测量】、【表面圆周测量】两个工具，这两个工具可以通过在该工具上长按鼠标 2 秒，在下拉选择菜单中进行选择切换。长度测量工具包括【基本长度测量】、【表面长度测量】、【高度测量】三个工具，这三个工具同样通过在该工具上长按鼠标 2 秒，在下拉选择菜单中进行选择切换。服装测量工具栏包括【服装直线测量】和【服装的圆周测量】两个工具，分别用于测量 3D 服装的两点距离和表面周长。

一、【虚拟模特圆周胶带】工具

【虚拟模特圆周胶带】工具用于在 3D 工作窗口虚拟模特身上以圆周方式绘制胶带，以方便检查或调整服装试穿的合体性。胶带功能类似于我们实际生活中的双面胶，创建好的胶带一面粘贴在模特身体上，而另一面可以利用【贴覆到虚拟模特胶带】工具，粘贴在服装板片的内侧某位置。

操作方法：点击【虚拟模特圆周胶带】工具，此时 3D 工作区中的服装处于半透明状态。在虚拟模特上贴胶带的第一个位置点击鼠标，点击的位置上以蓝点标记。移动鼠标至第二个位置点点击鼠标，第二个点同样以蓝点标记，且两点之间出现连接线。此时移动鼠标，在模特身上将产生一个圆周式的线条，该圆周线条随着鼠标的移动，围绕模特身体的方向将发生变化。在合适的位置点击鼠标，完成创建虚拟模特圆周胶带。为了方便确定点的位置，在点击每个点之前按下键盘的"Shift"键，在虚拟模特上会出现辅助线，可以参照辅助线来确定各个点的位置。胶带被选中状态时，显示为高亮的黄色，并会显示出胶带的长度值，胶带未被选中时，显示为黑色。

二、【线段虚拟模特胶带】工具

【线段虚拟模特胶带】工具用于在 3D 工作窗口在虚拟模特身上创建线段胶带。其功能与圆周胶带相同。

操作方法：点击【线段虚拟模特胶带】工具，点击在虚拟模特创建线段胶带的第一个点，点击的位置将出现一个蓝色点。移动鼠标，在第二个点处点击鼠标，第二点与第一个点之间出现连接线。根据需要可以依次点击需要创建胶带的各点，在胶带终点处双击鼠标，完成生成线段虚拟模特胶带。为了方便确定点的位置,在点击每个点之前按下键盘的"Shift"键,在虚拟模特上会出现辅助线,可以参照辅助线来确定各个点的位置。

三、【贴覆到虚拟模特胶带】███工具

【贴覆到虚拟模特胶带】██工具用于将服装板片的外周线或内部线段粘贴到虚拟模特生成的胶带位置。相当于在实际生活中,利用双面胶将模特表面与服装板片沿线黏合在一起。

操作方法:点击【贴覆到虚拟模特胶带】██工具,在 3D 工作窗口选择要粘贴在虚拟模特胶带上的服装板片外周线内部线。选中线段的服装板片将会变成透明的,服装板片中选中的线将变成红色。选择要创建服装板片线段的虚拟模特胶带,选择完毕后透明的板片将恢复正常,选择的虚拟模特上的胶带将会显示为红色。完成粘贴操作后,激活模拟,服装与模特将会在胶带位置粘贴在一起。

如果需要解除"贴覆"到虚拟模特上的胶带,在此工具状态下,点击服装板片上已创建胶带关系的线段,按键盘的"Delete"键删除。解除粘贴关系,而不会删除胶带。

四、【编辑虚拟模特胶带】███工具

【编辑虚拟模特胶带】██工具用于删除虚拟模特身上创建的胶带。

操作方法:点击【编辑虚拟模特胶带】██工具,点击虚拟模特身上需要删除的胶带。被选中的胶带将变为高亮黄色,按键盘的"Delete"键,删除所选的胶带。

五、【圆周测量】███工具和【表面圆周测量】███工具

【圆周测量】██工具和【表面圆周测量】██工具均是使用圆周测量工具测量虚拟模特的围度尺寸。【圆周测量】工具类似使用常规的卷尺进行围度测量,当测量经过模特身体的凹处时,会直线跨过凹区,如女性的胸围测量。【表面圆周测量】可以精确地沿着虚拟模特的形体起伏进行测量,会一直完全贴紧虚拟模特表面进行。

操作方法:点击【圆周测量】██工具或【表面圆周测量】██工具,点击需要测量的圆周所经过的第一点,再点击需要测量的圆周所经过的第二点。然后移动鼠标,此时在虚拟模特表面会出现一个经过已确定的前两个点及当前鼠标点的圆周线,移动鼠标调整圆周线的角度。在适当的位置单击鼠标,完成圆周线的创建,并在圆周线附近显示出圆周线的长度数值。【圆周测量】工具创建的为紫色的线,【表面圆周测量】工具创建的为红色的线。

六、【基本长度测量】███工具和【表面长度测量】███工具

【基本长度测量】██工具和【表面长度测量】██工具均是使用长度测量工具测量虚拟模特的长度尺寸。【基本长度测量】类似使用常规的卷尺进行测量,当测量经过模特身体的凹处时,会直线跨过凹区。【表面长度测量】可以精确地按照虚拟模特的形体起伏进行测量,该测量工具会一直完全贴紧模特表面进行测量。

操作方法：点击【基本长度测量】██工具和【表面长度测量】██工具，点击模特身体上测量长度的起始点，然后依次点击测量路径中的各个点，在最后一点处双击完成测量。在虚拟模特表面创建一条测量线，在测量线旁会显示出长度的数据。【基本长度测量】工具创建的为紫色的线，【表面长度测量】工具创建的为红色的线。

七、【高度测量】██工具

【高度测量】██工具用于测量模特身体上某点距离地面的高度。

操作方法：点击【高度测量】██工具，当鼠标移入 3D 工作窗口的模特身体区域后，会从该点向地面产生一条垂直的绿色线段，线段旁会显示出线段的长度数值，即该点高度。单击鼠标完成高度线的创建，并在线段附近显示出高度数据。

八、【编辑尺寸】██工具

【编辑尺寸】██工具用于删除虚拟模特身上创建的测量线。

操作方法：点击【编辑尺寸】██工具，再点击需要删除的测量线。被选中的测量线将显示为亮黄色。按键盘的"Delete"键，将删除所选的测量线。

九、【服装直线测量】██

【服装直线测量】用于测量 3D 服装某两点之间的直线距离。

操作方法：点击【服装直线测量】██，当鼠标在 3D 工作窗口的服装上移动时，服装表面会出现一个绿色的点，代表当前要直线测量的服装上的起点。在需要的位置单击鼠标左键，确定直线测量的起点位置。移动鼠标，此时会出现两个相对的绿色半透明的矩形片及一条测量线。在第二个点位置再次单击鼠标，完成直线测量，测量值将显示在测量线旁。在选择第二个点前，按下键盘上的"Shift"键，将会出现方向辅助线，服装直线的测量将会只沿着 X、Y 或 Z 方向进行。

十、【服装的圆周测量】██工具

【服装的圆周测量】工具用于测量 3D 服装表面的周长。

操作方法：点击【服装的圆周测量】██工具，当鼠标在 3D 工作窗口的服装上移动时，服装上会出现一个淡绿色的半透明水平切面，并随鼠标上下移动，同时在切面上会显示出当前水平位置的 3D 服装表面周长。在需要测量的位置单击鼠标，一个服装表面的测量圆周将会被创建，同时显示出圆周的表面长度值。

十一【编辑服装测量】██工具

【编辑服装测量】工具用于编辑服装的测量。

操作方法：点击【编辑服装测量】██工具，点击 3D 服装已创建的测量直线或圆周线。被选中的 3D 服装测量线将以亮黄色显示。它的相关属性也会出现在"属性编辑器"窗口中，各测量线的属性参数见表 4-8。

表 4-8　服装测量线的属性参数

服装的直线测量		服装的圆周测量	
名字	根据需要修改服装的直线测量名称	名字	根据需要修改服装的圆周测量名称
长度	服装直线测量的长度	表面长度	服装圆周测量的长度
方板宽度	可以修改服装直线测量的两端的正方形片的宽度	直径	可以修改服装圆周测量的水平切面圆周的直径

当 3D 服装圆周测量线被选中后,可以利用鼠标拖曳方式,调整测量位置。对于不需要的测量线,可以在选中后,按键盘的"Delete"键进行删除。

第五节　3D 画笔工具

3D 画笔工具栏包括 3D 画笔(服装)工具栏和 3D 画笔(虚拟模特)工具栏。其中 3D 画笔(服装)工具栏包括【3D 画笔(服装)】工具和【编辑 3D 画笔(服装)】两个工具。3D 画笔(虚拟模特)工具栏包括【3D 画笔(虚拟模特)】工具和【编辑 3D 画笔(虚拟模特)】以及【展平为板片】三个工具。

一、【3D 画笔(服装)】工具

【3D 画笔(服装)】工具用于在 3D 服装上直接画线。

操作方法:点击【3D 画笔(服装)】工具,在 3D 工作窗口的服装的选定位置上单击鼠标左键,确定画笔的起始点。移动鼠标,将出现一条黑色的线,并有一个黑色的点随着鼠标移动,依次点击要画的线的各点,在结束点双击鼠标完成线的创建。创建的线段将同时出现在 2D 及 3D 工作窗口。画线时,起始点与结束点为同一点时,将创建一个闭合的图形。在画线过程中,按下键盘上的"Ctrl"键,可在创建线段的时候创建曲线。在创建线段时,会同时显示出每段线段的长度数据。在创建线段时,按下键盘上的"Delete"键可以删除线段的最后一点,如果需要全部取消,则可以按"Esc"键或者"Ctrl+Z"键完成。

二、【编辑 3D 画笔(服装)】工具

【编辑 3D 画笔(服装)】工具用于对 3D 服装上创建的线进行调整、删除。

操作方法:点击【编辑 3D 画笔(服装)】工具,点击并拖动 3D 服装上画线的点,拖至合适的位置后松开鼠标即可。选择的点将移动到鼠标松开的位置。选中点时,会显示出点所在线段的长度。如果需要删除点或线段,可以直接在点或线段上单击鼠标右键,并在弹出菜单中选择"删除"即可完成。在选择点或线段的时候,按下键盘上的"Shift"键,可以同时选中多个点或线

段。在画的线上双击鼠标左键,可以选中整条线。如果需要选择服装上的所有利用画笔工具画的线,可以按键盘上的"Ctrl+A"。

当线被选中后,可以通过右键菜单的"勾勒为内部图形"或"转换为内部图形",将画的线勾勒或转换为板片内部线。利用服装的 3D 画笔工具,可以比在 2D 板片上更加直观地设计服装上的线条。

三、【3D 画笔(虚拟模特)】工具

【3D 画笔(虚拟模特)】工具用于在虚拟模特身体上直接画线。

操作方法:点击【3D 画笔(虚拟模特)】工具,如果模特身着服装,服装将显示为半透明状态。在模特的合适位置上单击一个点作为起始点,移动鼠标,将出现黑色的线,并有一个黑色的点随着鼠标移动,依次点击模特身上要画的线的各点,在创建线段过程中,会显示出各段线段的长度。在结束点位置双击鼠标完成线段的创建。画线时,起始点与结束点为同一点时,将创建一个闭合的图形。在画线过程中,按下键盘上的"Ctrl"键,可在创建线段的时候创建曲线。在创建线段时,按下键盘上的"Delete"键可以删除线段的最后一点,如果需要全部取消,则可以按"Esc"键或者"Ctrl+Z"键。

四、【编辑 3D 画笔(虚拟模特)】工具

【编辑 3D 画笔(虚拟模特)】工具用于对虚拟模特身上创建的线进行调整、删除。

操作方法:点击【编辑 3D 画笔(虚拟模特)】工具,如果模特身着服装,那么服装将以半透明状态显示。点击并拖动虚拟模特上创建的点,直至合适的位置后松开鼠标。选择的点将移动到鼠标松开的位置。选中点时,会显示出点所在线段的长度。如果需要删除已创建的线,可以在点或线上单击鼠标右键,并在弹出的菜单中选择"删除"即可,或按"Delete"键,进行删除。在选择点或线段的时候,同时按下键盘上的"Shift"键,可以同时选中多个点或线段。如果需要选择服装上的所有画的点及线段,按键盘上的"Ctrl+A"完成。

五、【展平为板片】工具

【展平为板片】工具用于将虚拟模特身上的闭合图形展平为板片。

操作方法:点击【展平为板片】工具,如果模特身着服装,需要按"Shift+W"键隐藏服装,3D 工作窗口中只显示服装。此时,虚拟模特身体上所画线的点将消失,只显示线。将鼠标悬停于需要提取为板片的闭合图形时,该区域将显示为半透明的浅蓝色。利用鼠标点击所有需要提取板片的区域,被选中的区域将以黄色高亮表示。选择完成后按"回车"键。在模特身体上选择的区域将被转化为板片,并同时出现在 2D 板片窗口和 3D 工作窗口中。该操作完成后,虚拟模特身体上的图形线仍然会保留。

第五章　应用实例

本书前四章对 CLO3D 软件进行了比较清晰的讲解,介绍了 2D 板片窗口及 3D 工作窗口的基本操作和常用工具。本章将列举一些实例,使读者能进一步巩固前几章的学习内容,同时掌握一些应用方法与技巧。为了方便学习,编者特地提供了实例所用的服装纸样 DXF 文件。

第一节　连衣裙

本节通过连衣裙的缝制例子,巩固之前所学的一些常用工具和基本操作,进一步熟悉安排点的使用。连衣裙效果图见图 5-1。

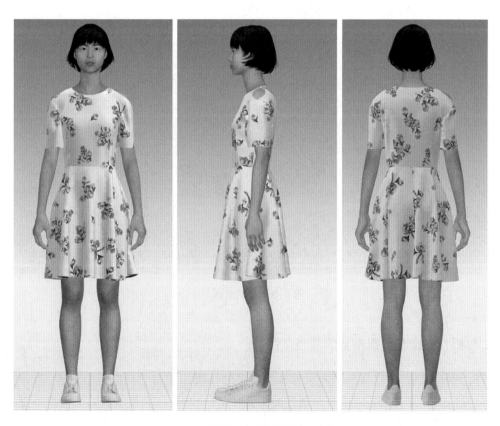

图 5-1　连衣裙

一、新建项目,打开虚拟模特

通过主菜单【文件】——【新建】创建一个新项目。通过系统主界面左上角的库窗口,"Avatar"(虚拟模特)——"Female_Kelly",导入一个女性虚拟模特,并选择所需的头发与姿态。为了方便服装板片的安排与模拟,建议在创建缝纫线时,模特选择图5-2所示的姿态。当模拟基本没有问题后,再调整模特至理想的姿态。

二、导入连衣裙板片

本节所使用的连衣裙纸样文件为"连衣裙 . dxf"。通过主菜单【文件】——【导入】——【DXF(AAMA/ASTM)】导入连衣裙纸样文件。在导入对话窗口中,"加载类型"项选择"打开","比例"项选择"毫米"。连衣裙

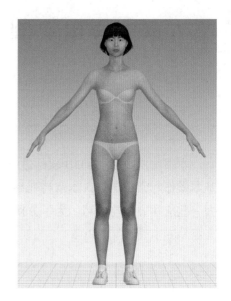

图 5-2 导入女模特

纸样导入完成,各板片在2D板片窗口的排列见图5-3。该连衣裙共包含12个板片,1个大身前片、2个大身后片、4个侧片、2个袖片及3个裙片。

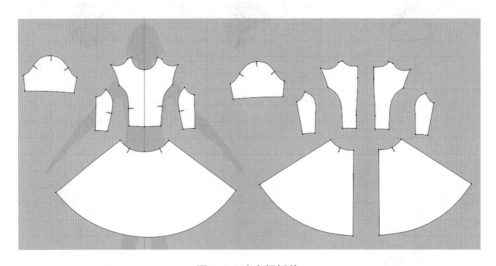

图 5-3 连衣裙板片

三、将板片安排在虚拟模特的适当位置

在进行模拟之前,必须将服装的所有板片均排列在虚拟模特身体的适当位置,当各个板片的摆放位置与实际穿着服装时的各个板片的位置相对一致时,才会使服装的试衣模拟更为正确有效。此外,当服装的板片比较多时,将各个板片排列在对应的位置,也有利于更清楚方便地设置缝纫线。导入的连衣裙板片在3D窗口中的默认排列见图5-4。

图 5-4　3D 窗口板片排列

　　在通常情况下,大多数板片都可以利用"安排点"功能进行快捷、方便的排布,但由于"安排点"位置有限,并不能保持所有板片都可以安排正确。另外,一些相对比较宽大的板片,使用安排点功能有可能造成板片过紧地包裹在模特身体表面,而非正确缝纫后的穿着状态。因此,3D窗口的板片的排布操作需要利用"安排点"及【选择/移动】工具结合完成。

　　导入 3D 窗口连衣裙板片排列在模特身前,有可能会挡住"安排点",不方便进行"安排点"的操作。因此首先利用【选择/移动】工具,结合"Shift"键选中 3D 窗口中的连衣裙大身的前片和 2 个前侧片,并将其移动至模特旁边的位置。按"Shift+F"键,在 3D 窗口的虚拟模特周边显示出蓝色"安排点",见图 5-5。

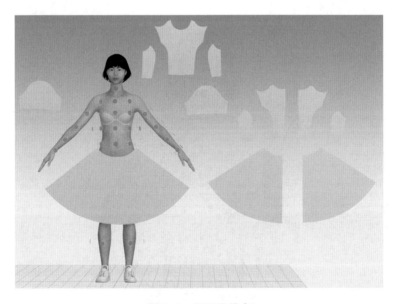

图 5-5　显示安排点

在 3D 窗口中,利用【选择/移动】工具,分别将大身的前片及 2 个前侧片安排如图 5-6(a)所示的位置。由于 2 个侧片与前片相互重叠,有可能不利于模拟,因此,按"Shift+F"键关闭"安排点"显示,将两个侧片移动调整为图 5-6(b)形式。

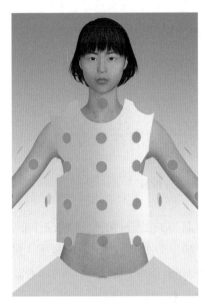 

（a）利用安排点　　　　　　　　　　　（b）调整两侧前片

图 5-6　安排前片

按"Shift+F"键显示"安排点",并将 3D 窗口视图转为后视图,将大身的 4 个后片安排成图 5-7 所示形式。

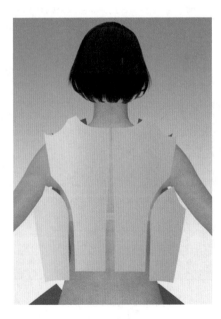

图 5-7　安排后片

按"Shift+F"键再次显示"安排点",将 3D 窗口视图转为半侧视图,见图 5-8(a),以方便袖片的安排操作。选择右侧的袖片后,点击模特右侧上臂的外侧安排点,安排右侧的袖片,见图 5-8(b)。同理,安排另一侧的袖片。此时,上身的 9 个板片已全部排列完成,见图 5-9。

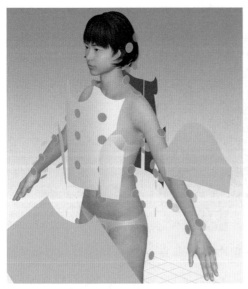 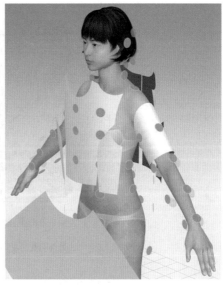

（a）半侧视图　　　　　　　　　　　　（b）安排完成右侧袖片

图 5-8　安排袖片

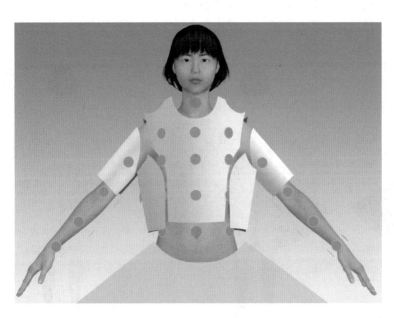

图 5-9　安排上身板片

连衣裙的下摆比较宽大,如果利用安排点进行排列,裙子的前片将会出现如图 5-10 所示情况,不利于模拟试穿,因此需要手工排列裙子的 3 个板片。按"Shift+F"键关闭"安排点"显示。

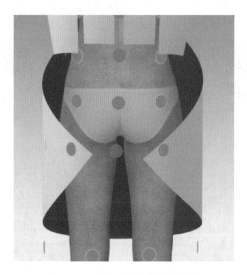

图 5-10　裙子前片采用安排点

首先在前视图状态下,查看裙子前片的位置,由于裙子前片的位置基本正确,不需要调整。进入后视图状态,利用【选择/移动】工具,选中后视图中左侧的裙后片,通过定位球绿色圆弧将其沿水平方向旋转 180°,使板片的正面朝向屏幕外。板片导入时的默认前后位置是在虚拟模特的身前,所以需要在侧视图状态下将裙子后片移至模特身后,并调整至图 5-11(a)所示的排列形式。同理,完成另一个裙后片的排列,见图 5-11(b)。至此,连衣裙的全部板片均已排布完成。

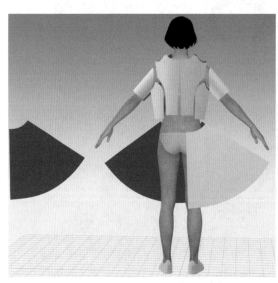 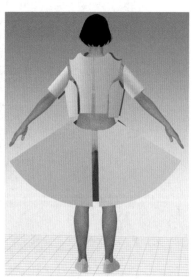

（a）安排一个裙后片　　　　　　　　　　　　（b）裙后片排列完成

图 5-11　安排裙后片

四、创建缝纫线

创建缝纫线的操作既可以在 2D 板片窗口进行,也可以在 3D 窗口进行,可以根据操作习惯自由选择。由于连衣裙的板片在 2D 板片窗口中的排列比较合理,很方便进行缝纫,因此本例的大多数操作均在 2D 板片窗口进行。

1. 缝合大身前片

连衣裙板片为了缝纫时的对位方便,在纸样设计阶段已经设置了必要的剪口。利用【线缝纫】工具,参照板片的剪口,将大身前片与 2 个侧前片缝合,见图 5-12。

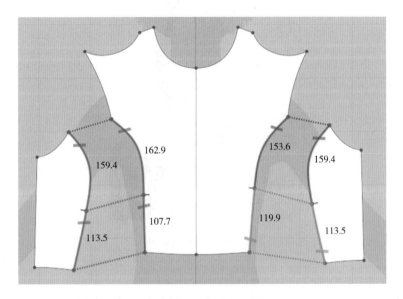

图 5-12　缝合大身前片

2. 缝合大身后片

利用【自由缝纫】工具,将大身后片与 2 个侧后片缝合,见图 5-13。

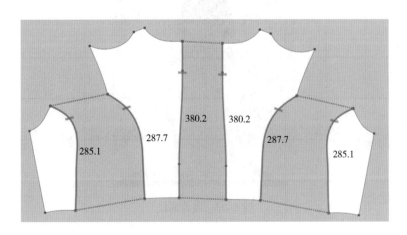

图 5-13　缝合大身后片

3. 缝合大身侧缝

利用【线缝纫】工具,缝合大身的侧缝线。侧缝线的缝纫操作在 3D 窗口更为直观,所以可以在 3D 工作窗口中进行。侧缝线缝纫完成后,见图 5-14。

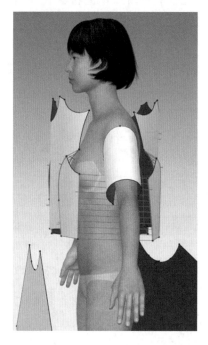

图 5-14　缝合侧缝线

4. 缝合肩线

利用【线缝纫】工具,缝合前、后片肩线的操作也可以在 3D 工作窗口进行。肩线缝合完成后,见图 5-15。

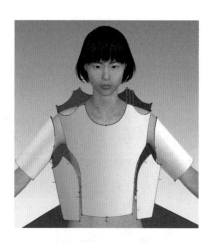

图 5-15　缝合肩线

5. 缝合袖子

利用【线缝纫】工具,参照板片剪口的位置,缝合大身前片、前侧片与袖片的前袖山线,见图5-16。

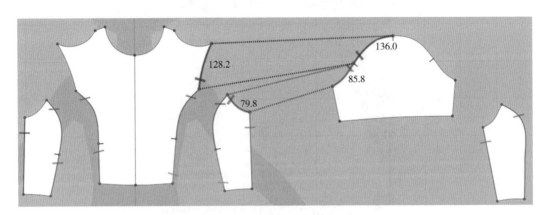

图 5-16　缝合前袖山线

同理,利用【线缝纫】工具,缝合大身后片、后侧片与袖片的后袖山线,见图5-17。

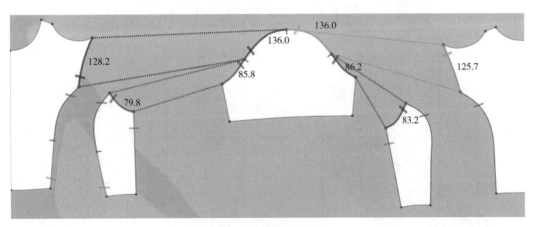

图 5-17　缝合后袖山线

在2D板片窗口中,利用【线缝纫】工具缝合袖子的袖缝线,至此一侧袖子的缝合全部完成。3D窗口中的袖子缝纫线效果图见图5-18。同样方法,将另一支袖子缝合。

6. 缝合裙片

在2D板片窗口或3D工作窗口中,利用【线缝纫】工具缝合裙子的后中缝及侧缝。缝合后的效果见图5-19。

7. 缝合大身与裙片

在2D板片窗口,利用【线缝纫】工具,参照裙子前片腰线的剪口,将大身的4个前片与裙子前片在腰线位置缝合,见图5-20。同样方法,再将大身的4个后片与裙子的2个后片在腰线位置缝合。至此,连衣裙的缝纫工作全部完成。

图 5-18　袖子缝纫线效果图

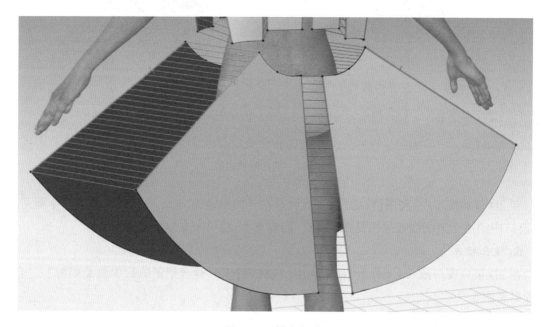

图 5-19　缝合裙片

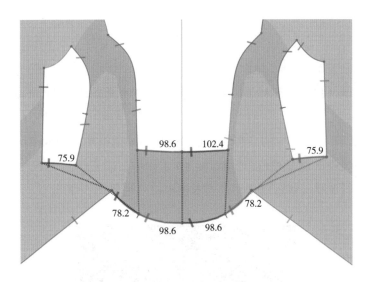

图 5-20　缝合大身前片与裙子前腰线

五、虚拟试衣

　　完成缝纫后,在 3D 窗口通过各个视图,检查一下所有的缝纫线是否正确。如果发现不正确的缝纫线,可以利用【编缉缝纫线】工具,选中不正确的缝纫线并删除,再利用【线缝纫】工具或【自由缝纫】工具重新创建缝纫线。

　　当确定服装的所有缝纫线均已准确无误后,按【模拟】工具,激活模拟进行试衣。连衣裙板片将根据创建好的缝纫关系逐渐被缝合,并穿着在虚拟模特身上。服装形态稳定后,再次点击【模拟】工具,使【模拟】工具退出激活状态。连衣裙的试衣模拟效果图见图 5-21。

图 5-21　连衣裙模拟效果图

六、调整属性

1. 设置纹理

根据需要在库中选择一块面料应用到该连衣裙上。在界面右上角的"对象浏览"窗口,选择"织物"页,此时的默认织物为"FABRIC 1",单击选中"FABRIC 1"织物,在界面右下侧的"属性编辑器"窗口中找到"属性"中的"纹理",见图 5-22。单击该项右侧的图标██,选择并打开连衣裙织物图像。图像将出现在 2D 板片窗口及 3D 工作窗口的服装上。可以利用【编辑纹理】工具对图案的尺寸进行调整。加入纹理后的连衣裙模拟效果见图 5-23。

图 5-22　织物纹理属性

图 5-23　连衣裙纹理模拟效果图

2. 设置织物类型

在"属性编辑器"窗口中找到"物理属性"中的"预设",见图 5-24。在下拉列表中选择需要的织物类型,如丝绸雪纺(Silk_Chiffon)。

图 5-24　织物物理属性

3. 设置粒子间距

在 2D 板片窗口,利用【调整板片】工具框选全部板片,在"属性编辑器"窗口中找到"模拟属性"中的"粒子间距",将粒子间距由"20"改为"5",按"回车"键完成。调整板片"粒子间距"后,使服装的模拟更加精确。在窗口空白处单击鼠标,取消板片的选择状态。

长按【模拟】工具,在弹出的菜单中选择"模拟(精密)",再次进行模拟,模拟完成后,退出【模拟】激活状态,见图 5-25。从图中可以看到,由于对面料及粒子间距进行了调整,精密模拟的效果更加真实自然,更接近现实中的服装外观。

完成"模拟(普通)"后,均可以再进行"模拟(精密)",以提高服装的真实效果。这一步骤以后各节将不再专门提示。

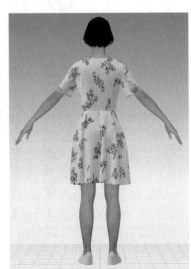

图 5-25　连衣裙精密模拟效果

七、调整模拟姿态

在系统主界面左上角的库窗口,通过"Avatar"(虚拟模特)——"Female_Kelly"——"Pose",选择一个直立的姿态。虚拟模拟的姿势开始逐渐变化,直至完成。最终效果见图5-1。

八、保存项目

通过主菜单"文件"——"保存项目文件",或按"Ctrl+S",在系统弹出的"保存"对话窗口中输入文件名称,按"保存"键完成。连衣裙的缝纫比较简单,如果缝纫比较复杂的服装,为了防止在操作过程中出现问题,可以在缝纫过程中随时进行保存。

第二节　男西裤

本节通过男西裤的缝制,在巩固基本操作和常用工具的同时,了解板片的镜像粘贴功能,进一步熟练板片在3D工作窗口的空间移动,了解模拟激活状态下的板片调整以及板片之间的内外层关系,掌握纽扣、扣眼以及明线的设置与编辑。男西裤效果图见图5-26。

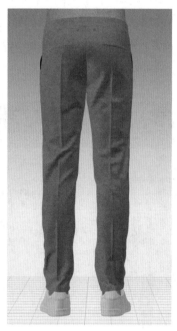

图5-26　男西裤效果图

一、准备工作

创建一个新项目,导入男性虚拟模特"Male_Martin",并选择所需的头发与姿态。为了方便服装板片的安排与模拟,建议仍采用双臂张开的姿势。

　　本节所使用的男西裤纸样文件为"男西裤.dxf"。通过菜单导入该纸样文件,在导入 DXF 对话窗口中,"比例"项选择"毫米",并且要勾选"选项"中的"将基础线勾勒成内部线"项,见图 5-27。

图 5-27　勾选"将基础线勾勒为内部线"

　　男西裤各板片在 2D 板片窗口的排列见图 5-28。该男西裤文件共包含 11 个板片,1 个前片、1 个后片、1 个侧袋片、2 个腰片、1 个门襟片、2 个后袋嵌片及 3 个腰襻片。

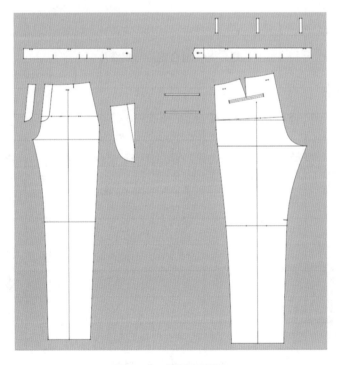

图 5-28　男西裤板片

本例中,裤子前后板片等只有一半,导入后可以通过复制、粘贴方式创建另一半。由于 CLO3D 在复制板片的同时,也会将板片的缝纫方式复制,因此,本例可以先创建这几个板片的缝纫线,再进行复制、粘贴操作。这样产生的另一半板片会带有缝纫线而无须再设置缝纫线了,比较方便。

另外,板片的安排与缝纫也没有必须的先后顺序,读者完全可以根据自己的习惯进行安排。

二、创建前后片缝纫线

1. 缝合前片与侧袋片

利用【线缝纫】工具,参照板片的剪口,将裤子前片与侧袋片缝合,见图 5-29。

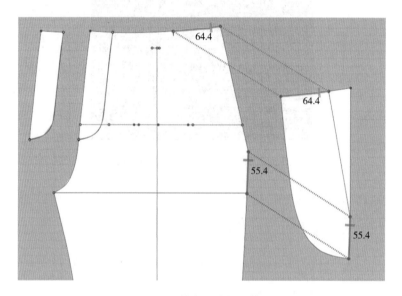

图 5-29　缝合前片与侧袋片

2. 缝合后片腰省

利用【线缝纫】工具,将后片的腰省缝合,见图 5-30。

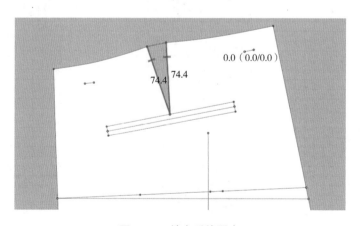

图 5-30　缝合后片腰省

3. 缝合后袋口

利用【线缝纫】工具,先将后袋嵌线相对缝合,见图 5-31(a),再分别缝纫后片口袋嵌线的上下边缘位置,见图 5-31(b)。

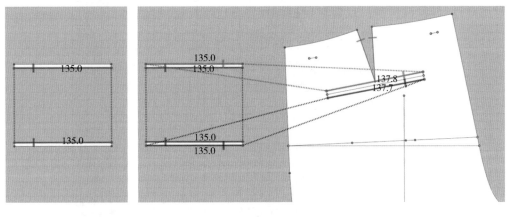

（a）缝合口袋边　　　　　　　　　　（b）与后片缝合

图 5-31　缝合后口袋

4. 缝合裤子内、外侧缝

利用【自由缝纫】工具,缝合裤子内侧缝,见图 5-32。创建与裤子外侧缝相关的 2 条缝纫线,一条缝纫线为前、后片外侧缝之间,另一条缝纫线为侧袋与后片之间,见图 5-33。

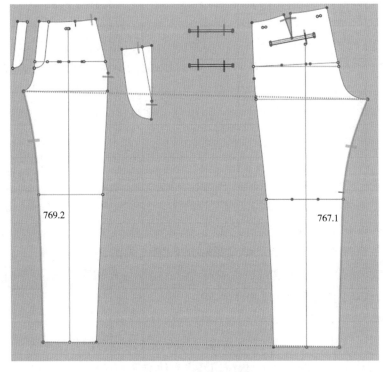

图 5-32　缝合内侧缝

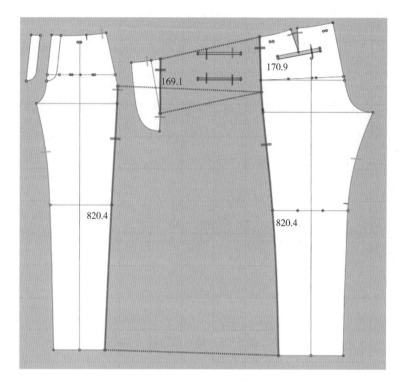

图 5-33　缝合外侧缝

三、处理与前、后片相连的板片

1. 排列板片

在 3D 工作窗口,利用【选择/移动】工具,选中裤子的前片及侧袋片并移至腿前,并分别将其调整为图 5-34 排列形式。再选中后片及 2 个后袋嵌片,沿水平面旋转 180° 后,分别将其移动调整为图 5-35 排列形式。在板片的选择过程中,如果在 3D 工作窗口选择不方便,也可以在 2D 板片窗口,利用【调整板片】工具来选择,在 2D 板片窗口选中后,在 3D 工作窗口也会同时被选中。

2. 复制板片

在 2D 板片窗口,利用【调整板片】工具选中前后片、侧袋片以及 2 个后袋嵌片,按"Ctrl + C"键,或在选中的板片上按鼠标右键,在弹出的菜单中选择"复制"。按"Ctrl + R"键,或按鼠标右键,在弹出的菜单中选择"镜像粘贴"。此时,在鼠标位置将出现再复制的板片,移动鼠标将板片移至 2D 板片窗口的适当位置后,单击鼠标放下板片,见图 5-36。

"镜像粘贴"的板片在 3D 工作窗口中的前后位置与原板片相同,只需要同时选中,3D 工作窗口利用【选择/移动】工具同时移至身体的相应位置即可,见图 5-37。

3. 缝合门襟

在 2D 板片窗口,利用【自由缝纫】工具将门襟的 3 条边线与前片缝合在一起,见图 5-38。在 3D 工作窗口,利用【选择/移动】工具,将门襟移至所对应的前片内侧,见图 5-39。

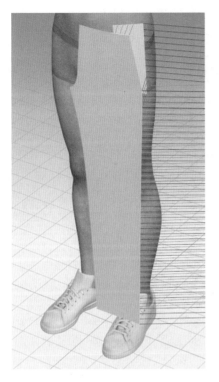

图5-34　排列前片

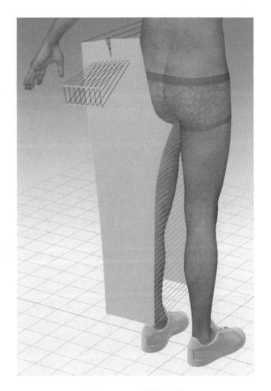

图5-35　排列后片

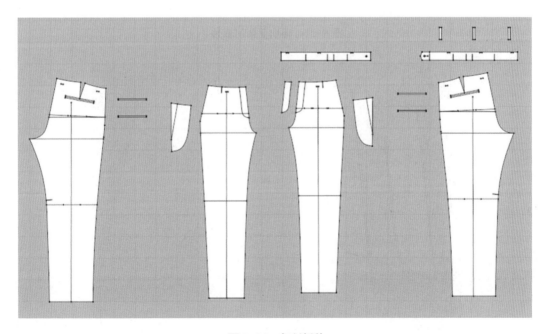

图5-36　复制板片

图 5-37　移动复制的板片

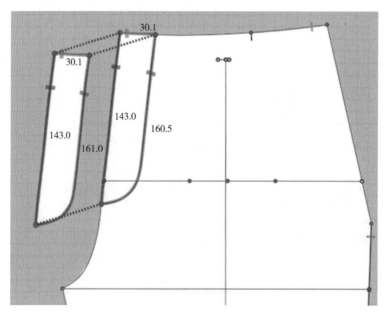

图 5-38　缝合门襟

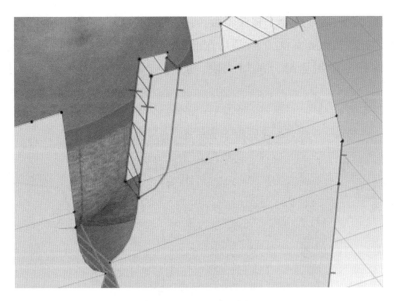

图 5-39　移动门襟

4. 缝合前、后中线

在 2D 板片窗口，利用【自由缝纫】工具将前中线缝合，见图 5-40。同理，再将后中线缝合。

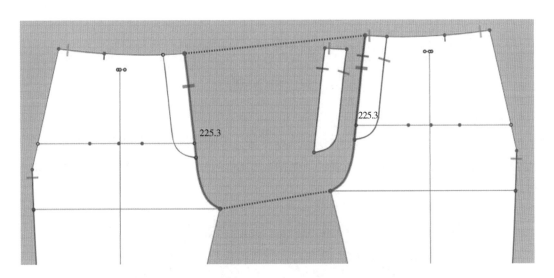

图 5-40　缝合前中线

四、处理腰片

1. 缝合腰片

在 2D 板片窗口，利用【调整板片】工具将 2 个腰片分别移动至方便与裤片缝合的位置。由于腰片在纸样设计时已设置了必要的剪口，对位十分方便，因此只需利用【线缝纫】工具就可以完成。2D 板片窗口右侧的腰片与裤子对应的前、后片的缝纫效果见图 5-41。同理，将另一侧的腰片与裤片对应的前、后片缝合。将 2 条腰片的后中线缝合在一起。由于裤子腰片前中是通过纽扣相连,为了提高模拟真实性,2 个腰片在前中位置不能像在后中一样完成缝合。在 2 个腰片的腰头处,均有一个用于缝合的短线段,利用【线缝纫】工具将这两条小线段缝合,见图 5-42。

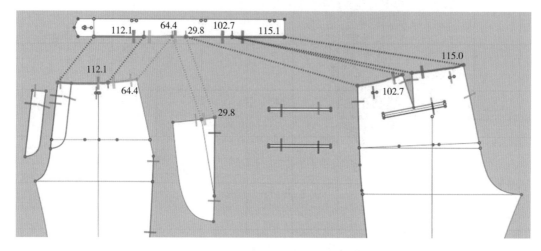

图 5-41 缝合腰片与裤子前、后片

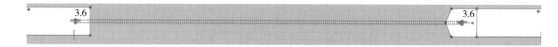

图 5-42 缝合前中腰片

2. 安排腰片

按"Shift+F"键显示"安排点",将 3D 窗口视图转为半侧视图,以方便腰片的安排操作。将 2 个腰片通过虚拟模特腰侧的 2 个安排点,分别排列在腰的左右位置,见图 5-43。按"Shift+F"键可以关闭"安排点"显示。

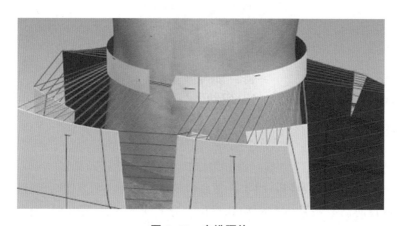

图 5-43 安排腰片

3. 缝纫腰襻

　　导入板片中只包括 3 个腰襻,所以需要在 2D 板片窗口,利用【调整板片】工具选中一个腰襻,然后复制、粘贴出 3 腰襻。

　　以一侧为例,参照腰片及前、后片上的标记线,将 3 个腰襻分别与腰及对应的前后裤片缝合,见图 5-44。同理,缝纫另外 3 个腰襻。在 3D 工作窗口利用【选择/移动】工具,将 6 个腰襻移至裤子的腰部附近位置。至此,所有的缝纫工作全部完成,见图 5-45。

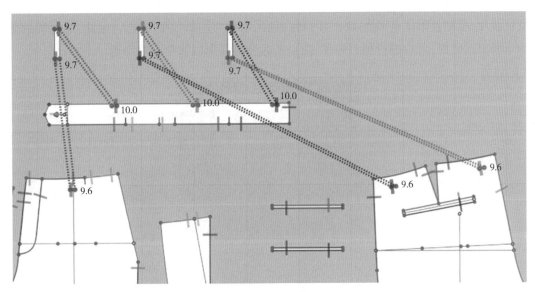

图 5-44　缝纫腰襻

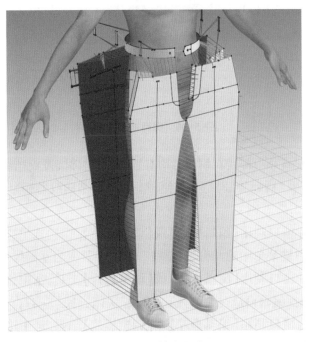

图 5-45　缝合完成

五、虚拟试衣与调整

1. 模拟

在 3D 窗口通过各个视图,检查所有的缝纫线是否正确。如果发现不正确的缝纫线,可以利用【编缉缝纫线】工具进行编辑或删除,再重新创建缝纫线。

当确定裤子的所有缝纫线均已准确无误后,按【模拟】工具,激活模拟工具进行试衣模拟。当模拟处于激活状态时,如果服装局部不够平整,可以利用 3D 工作窗口的【选择/移动】工具轻轻拉扯板片,模拟效果图见图 5-46。模拟完成后,退出"模拟激活"状态。至此,男西裤的缝纫及初步模拟已完成,可以进行项目保存,防止在后续的操作过程中出现问题。

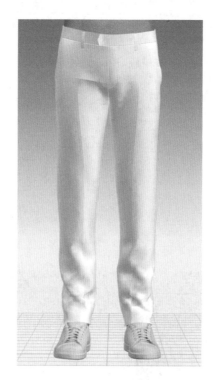

图 5-46　男西裤模拟图

图 5-46 可以发现,板片内部线在模拟时均有折痕,如臀围线及立裆线。这是因为在导入板片时,为了缝纫"门襟"及"后口袋"时定位方便,勾选了"将基础线勾勒为内部线"。此时有 3 个解决方法。

方法 1:在 2D 板片窗口利用【编辑板片】或【调整板片】工具,选中这些内部线(除前、后裤片的折裥线外),通过右键菜单中的"转换基础线"功能,将其变为基础线。

方法 2:在 2D 板片窗口利用【编辑板片】或【调整板片】工具,选中这些内部线(除前、后裤片的折裥线外),在"属性编辑窗口"中,将"折叠渲染"关闭,见图 5-47。

方法 3:在 2D 板片窗口利用【编辑板片】或【调整板片】工具,选中这些内部线(除前、后裤片的折裥线外),删除这些无用的内部线。

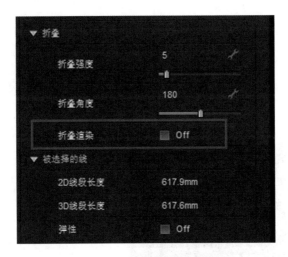

图 5-47 "折叠渲染"关闭

本书采用方法 1,转换为基础线,完成后再激活"模拟"即可。此时多余的折痕消失,见图 5-48。

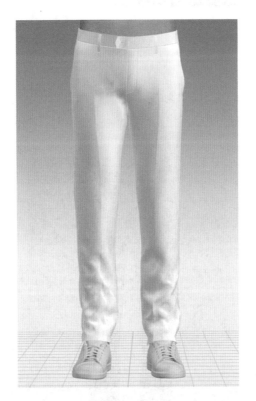

图 5-48 男西裤模拟图(多余折痕消失)

为了突出西裤裤腿前、后的折裥,在 2D 板片窗口利用【编辑板片】或【调整板片】工具,选中前、后裤片上的 4 条折裥线,在"属性编辑窗口"中,将"折叠角度"改为"0",见图 5-49。完成后再激活"模拟"即可。此时裤腿的折裥变得明显,见图 5-50。

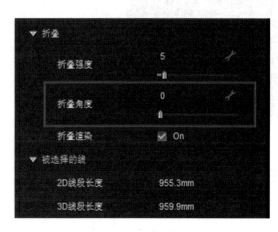

图 5-49　折叠角度 = 0°

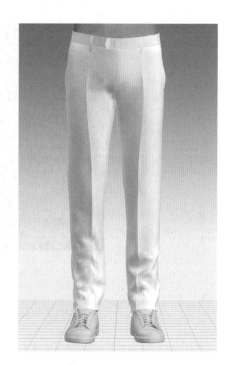

图 5-50　突出折裥

2. 设置纹理

　　本软件提供了一个用于男西裤的织物图像。通过"属性编辑器"窗口打开男西裤织物图像,并将"物理属性"设置为"预设"中的"棉斜纹面料"(Cotton_Twill)。模拟后的效果见图 5-51。

图 5-51　设置纹理效果图

六、设置配件

1. 安装扣眼、纽扣

在 3D 工作窗口选择【扣眼】工具,在 2D 板片窗口腰头标记的位置安装纽扣,同理,利用【纽扣】工具再安装一粒纽扣。安装完成后再激活一次【模拟】工具,使纽扣与腰头的结合更自然。通过"对象浏览窗口"的"纽扣"页,选中当前的纽扣,在"属性编辑器"窗口中,通过"图形"项的下拉列表选择需要的纽扣类型,见图 5-52。通过"颜色"项,单击右侧的颜色块,在弹出的"颜色选择器"中选择需要的颜色,见图 5-53。

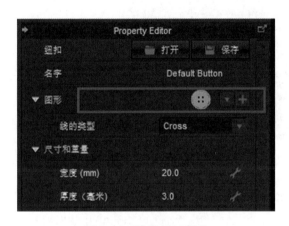

图 5-52　选择纽扣类型

图 5-53　设置纽扣颜色

同理,通过"对象浏览窗口"的"扣眼"页,设置扣眼的类型及颜色。

2. 设置明线

在 2D 板片窗口,利用【线段明线】工具根据实际需要为一些板片添加明线。如裤襻板片的上沿及两侧、腰片周边、后袋周边、侧袋边沿、门襟等。设置完成明线后,在 2D 板片窗口检查明线所在的位置是否正确,如后袋的明线,如果发现明线位置不正确,见图 5-54。利用【编辑明线】工具,选中位置不正确的明线,在"属性编辑器"窗口中,将"其他"中的"翻转"项勾选为"On",明线的位置将移至另一侧(图 5-55、图 5-56)。

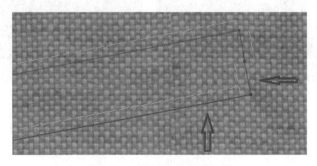

图 5-54　不正确的明线位置

图 5-55　设置翻转为"On"

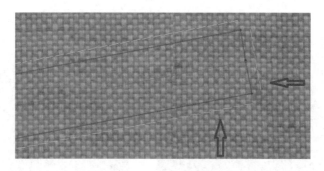

图 5-56　正确的明线位置

通过"对象浏览窗口"的"明线"页,选中当前的明线,在"属性编辑器"窗口中,通过"格式"中的"种类"项的下拉列表选择"Single"类型,见图 5-57。通过"颜色"项,单击右侧的颜色块,在弹出的"颜色"选择器中选择需要的颜色,见图 5-58。

图 5-57　选择明线类型

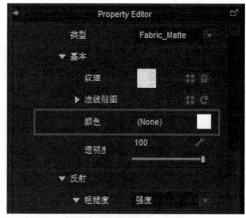

图 5-58　设置明线颜色

七、最终模拟

1. 设置粒子间距

在 2D 板片窗口,利用【调整板片】工具选中全部板片,在"属性编辑器"窗口中找到"模拟属性"中的"粒子间距"项,将粒子间距数值由"20"改为"10",按"回车"键完成。调整板片"粒子间距"后,使服装的模拟更加精确。在窗口空白处单击鼠标,取消板片的选择状态。再次激活模拟,模拟完成后效果即为图 5-26,局部细节的模拟效果见图 5-59。从图 5-59 可以看到,由于对面料、服饰配件进行了设置,对粒子间距进行了调整,外观模拟效果更加真实自然,更接近现实中的裤子的穿着形态。

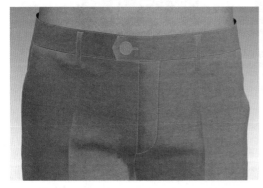 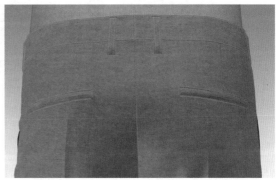

（a）前视图 　　　　　　　　　　　　　　　　　　（b）后视图

图 5-59　男西裤局部效果图

2. 调整模拟姿态

在系统主界面左上角的库窗口,通过"Avatar"（虚拟模特）——"Male_Martin"——"Pose",选择一个直立的姿态。虚拟模拟的姿势开始逐渐变化,直至完成。

八、保存项目

通过主菜单"文件"——"保存项目文件",或按"Ctrl+S"进行保存。对于比较复杂、板片比较多的服装,为了防止在操作过程中出现问题,可以在缝纫过程中随时进行保存。

第三节　T恤衫

本节旨在通过 T 恤衫的缝制例子,巩固学过的基本操作方法和常用工具,熟练板片在 3D 工作窗口的空间移动,熟记板片的前后关系。同时学习模特尺寸的调整、板片的翻折功能、纽扣和扣眼的设置方法以及面料的设置方法。T 恤衫的效果图见图 5-60。

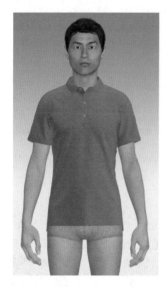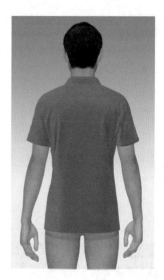

图 5-60　T 恤衫效果图

一、准备工作

创建一个新项目,导入男性虚拟模特"Male_Martin"。为了方便服装板片的安排与模拟,建议仍采用双臂张开的姿势。由于本例采用的 T 恤衫纸样是为身高 175cm、胸围 90cm 的男性设计的,因此首先需要调整虚拟模特的尺寸。通过菜单【虚拟模特】——【虚拟模特编辑器】打开窗口,修改虚拟模特"整体尺寸"中的"总体高度"和"胸围"数值,见图 5-61。修改数值后按"回车"键确认,并退出"虚拟模特编辑器"窗口。

图 5-61　调整虚拟模特尺寸

本节使用的 T 恤衫纸样文件为"T 恤衫 .dxf"。通过菜单导入该纸样文件,在导入 DXF 对话窗口中,"比例"项选择"毫米",并且要勾选"选项"中的"将基础线勾勒为内部线"项。

导入的 T 恤衫纸样见图 5-62。该 T 恤衫文件共包含 11 个板片,1 个前片、1 个后片、2 个袖子片、2 个袖口、2 个门襟片、2 个领片及 1 个过肩。

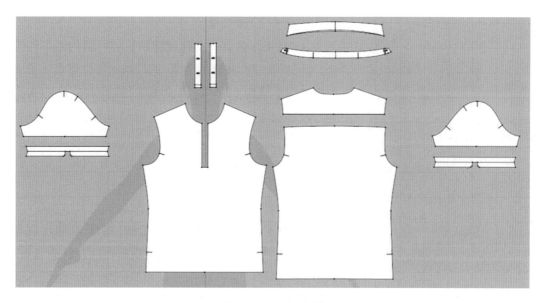

图 5-62　T 恤衫样片

二、缝纫前后片

1. 缝合前片与门襟

在 2D 工作窗口,为了方便缝合,首先利用【调整板片】工具,将需要缝纫的板片移动到适当的位置。利用【线缝纫】工具缝合前片与左侧门襟及右侧门襟,见图 5-63。

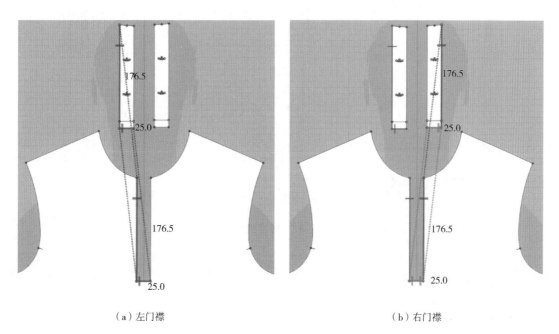

（a）左门襟　　　　　　　　　　　（b）右门襟

图 5-63　缝合前片与门襟

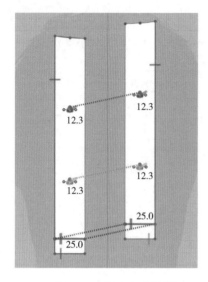

图 5-64　缝合左右门襟

2. 缝合左、右门襟

在 2D 工作窗口,利用【线缝纫】工具,将门襟下侧线缝合,为了反映纽扣扣合的效果,两门襟的扣位处有 2 个圆形内部线用于缝合。利用【自由缝纫】将左右门襟的扣位按圆形内部线缝合,见图 5-64。在模拟其他服装时,导入的板片上以点或线段方式标志出了扣位,如果希望以小圆形方式缝合,则可以利用【内部圆形】工具在板片上创建圆形内部线。

3. 缝合前、后板片

在 2D 工作窗口,利用【自由缝纫】工具,先将过肩与后片缝合。T 恤衫下摆有一个开衩,根据前后片的侧缝剪口,利用【自由缝纫】工具将前后板片的侧缝缝合,见图 5-65。最后将前后板片的肩线缝合,见图 5-66。

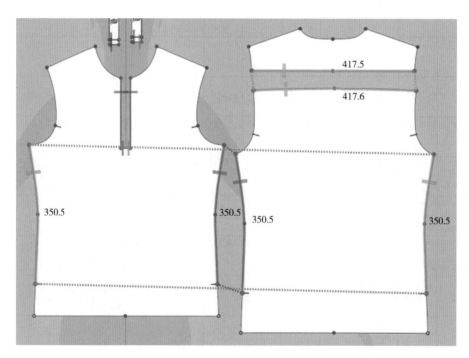

图 5-65　缝合侧缝

三、缝纫袖片

1. 缝合袖片及袖口

在 2D 工作窗口,利用【自由缝纫】工具,首先将右侧的袖片对应的袖口板片缝合,再将袖片及袖口片的侧缝缝合,见图 5-67。同理,将另一侧的袖片与袖口片缝合。

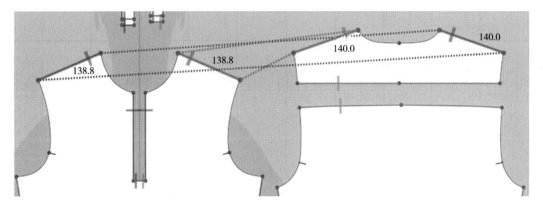

图 5-66　缝合前后板片肩线

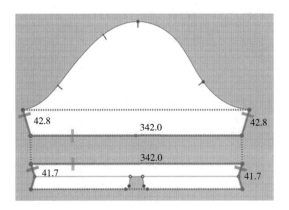

图 5-67　缝合袖子与袖口片

2. 缝合袖片与大身

在 2D 工作窗口,利用【线缝纫】工具,根据袖片与大身的对应关系,将右侧袖子的袖山弧分别与对应的前后片袖窿弧进行缝合,见图 5-68。用同样方法,再将另一袖片分别与前后片的对应袖窿弧缝合。

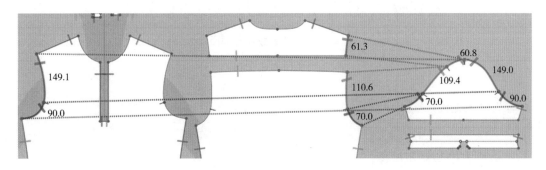

图 5-68　缝合袖子与前后片

四、缝纫领片

1. 缝合领片及前后片

在 2D 工作窗口,为了方便缝合,首先利用【调整板片】工具,将需要缝纫的板片移动到适当的位置。参照剪口,利用【线缝纫】将领座与前后片的领弧线缝合,见图 5-69。参照剪口,利用【线缝纫】将领座与领面缝合,见图 5-70。

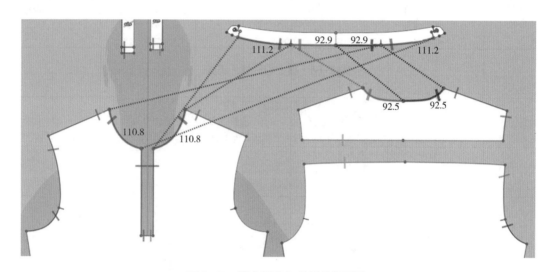

图 5-69 缝合领座与前后片领弧线

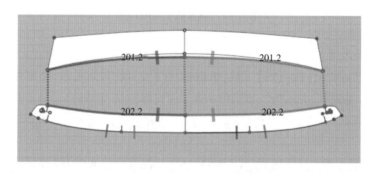

图 5-70 缝合领座与领面

2. 缝合领片及门襟片

在 2D 工作窗口,利用【自由缝纫】工具,将领座两端分别与 2 个门襟板片的顶端相缝合,见图 5-71。

五、板片安排与初步模拟

1. 安排板片

在 3D 板片窗口,按"Shift+F"键显示"安排点"。由于部分板片位于虚拟模特的前面,不方便选择"安排点",则利用【选择/移动】工具,将 3D 工作窗口中的板片移开模特,再参照安排点

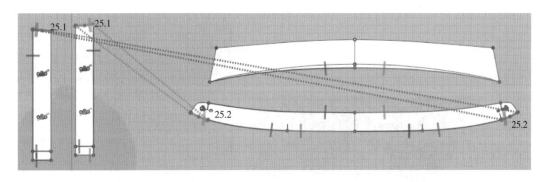

图 5-71　缝合领座与门襟片

分别将前、后片安排在模特身体前后位置。由于后片分为两片，定位不准确，所以安排好后片的2 个板片后，再利用【选择/移动】工具上下调整至适当位置，见图 5-72。参照模拟上臂的安排点，分别将 2 个袖片及 2 个袖口片安排在模特的胳膊位置，见图 5-73。

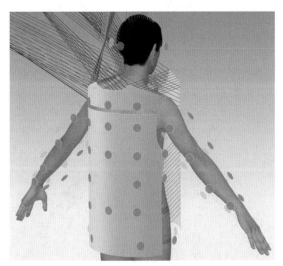

图 5-72　安排前后片

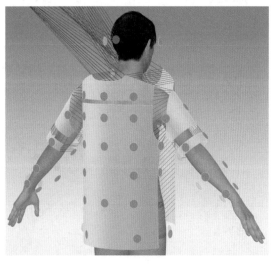

图 5-73　安排袖片及袖口

在虚拟模特的颈后部有 2 个安排点，将领座板片安排在靠近模特颈后部的安排点位置，将领面板片安排在稍远离模特颈后部的安排点位置，见图 5-74。

按"Shift+F"键隐藏"安排点"，在 3D 板片窗口，利用【选择/移动】工具将 2 个门襟板片移至胸前的适当位置，并按实际缝纫的前后顺序排列好，见图 5-75。

2. 试衣模拟

在 3D 窗口通过各个视图，检查所有的缝纫线是否正确。如果发现不正确的缝纫线，可以利用【编辑缝纫线】工具进行编辑或删除重新创建缝纫线。确定 T 恤衫的所有缝纫线均已准确无误后，按【模拟】工具，激活模拟工具进行试衣模拟。T 恤衫的初步模拟效果见图5-76。

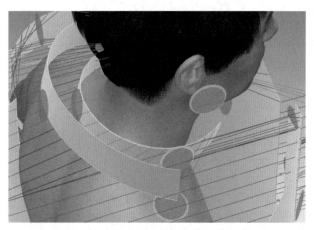

图 5-74　安排领座、领面

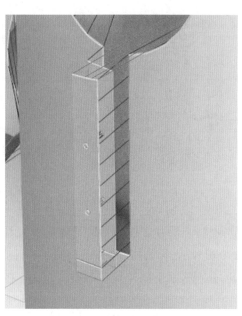

图 5-75　安排 2 个门襟板片

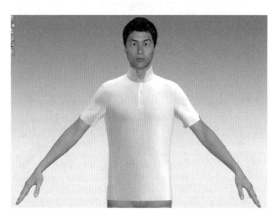

（a）正面

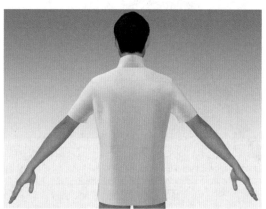

（b）背面

图 5-76　T 恤衫初步模拟图

3. 翻折处理

由图 5-76 可以看出,T 恤衫的领子及袖口没有翻折。为了进行翻折,首先在 2D 板片窗口,利用【编辑板片】或【调整板片】工具,选中领面及袖口的翻折线,在"属性编辑器"窗口中,将"折叠角度"由 180°改为 360°,按"回车"键确定,见图 5-77。

下面以袖口为例,实现翻折可以通过以下三个方法完成,读者可根据自己的操作习惯及工具使用的熟练程度进行选择。

方法 1:激活模拟,在 3D 工作窗口利用鼠标拉扯袖口向上翻折,逐渐将袖口沿翻折线向上翻起。翻折完成后,退出模拟激活状态。

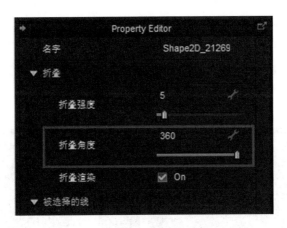

图 5-77 "折叠角度"改为 360

方法 2：在 3D 工作窗口，利用【选择/移动】工具选中 2 个袖口后，单击鼠标右键，在弹出的菜单中选择"硬化"或按"Ctrl+H"键，将 2 个袖口板片硬化。硬化后，袖口板片变为橙黄色。激活模拟，袖口将沿翻折线逐渐向上翻起，直至完成。翻折完成后，退出模拟激活状态。再选中 2 个袖口，通过右键菜单中的"解除硬化"或按"Ctrl+H"键，解除袖口板片的硬化状态。

方法 3：在 3D 工作窗口，利用【折叠安排】工具选中一条翻折线，在翻折线处出现翻折指示圆，利用鼠标拖拽与翻折一侧板片相关的一段圆弧，则板片会逐渐被翻折起来。用同样方法，将袖口其他需要翻折的板片翻折起来。利用【折叠安排】工具翻折后，再激活模拟，完成后退出模拟激活状态。

用同样方法，可以将领面沿翻折线向下翻折，袖口翻折后的模拟效果见图 5-78。领子翻折后的模拟效果见图 5-79。

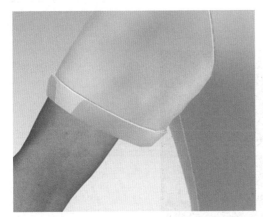

图 5-78 袖口翻折效果图

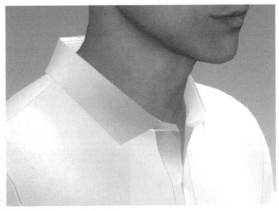

图 5-79 领翻折效果图

六、设置与调整

1. 设置织物

通常 T 恤衫的门襟、领子的织物与大身织物不同，会稍硬挺些。系统新建时默认包含一个织物,即"FABRIC 1"。因此为了实现在一件服装中包括多种织物的效果,首先在"对象浏览窗口"的"织物"页单击"增加"按钮,则在织物列表中会增加一个织物,即"FABRIC 2",见图 5-80(a)。当织物比较多时,为了方便引用,通常将织物的名称改为容易识别的名称。本例中,可以将"FABRIC 1"改为"面料",将"FABRIC 2"改为"领料",见图 5-80(b)。

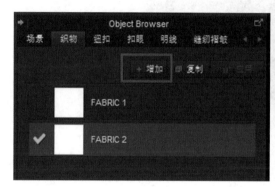 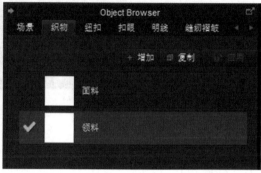

（a）增加织物　　　　　　　　　　　　　　　（b）修改织物名称

图 5-80　增加织物并改名

本书提供了一个用于 T 恤衫织物的图像。通过"属性编辑器"窗口,分别将"面料"和"领料"的纹理设置为 T 恤衫织物的图像。此时,织物纹理在 3D 工作窗口及 2D 板片窗口均会显示出来。选中"面料"将其"物理属性"设置为"预设"中的"棉平针针织物"（Knit_Cotton_Jersey）。由于通常领子采用的面料在预设中没有,所以可以手工进行参数调整。选中"领料",单击"属性编辑器"窗口中"物理属性"中"细节"项,展开细节参数,将"弯曲强度-纬纱"和"弯曲强度-经纱"的数值设置为 70,见图 5-81。

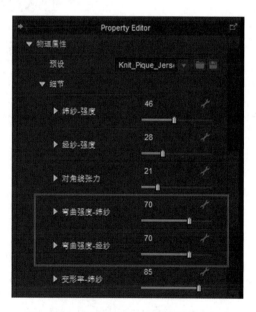

图 5-81　设计织物细节参数

在 2D 板片窗口中,利用【调整板片】工具框选领子及门襟板片,在"属性编辑器"窗口的织物项目中,通过"织物"的下拉列表选择"领料",见图 5-82。同理,选中剩余的板片,将其织物设置为"面料"。至此,T 恤衫的织物全部设置完成,并反映在 2D 板片及 3D 工作窗口中。

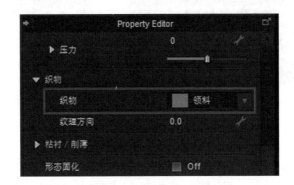

图 5-82 设置领料织物

2. 安装纽扣及扣眼

在 3D 工作窗口选择【扣眼】工具,在 2D 板片窗口,放大显示视图,按照门襟及领座上的扣位标记安装纽扣。通过"对象浏览窗口"的"纽扣"页,选中当前的纽扣,在"属性编辑器"窗口中,通过"图形"项的下拉列表选择需要的纽扣类型,并将"宽度"值改为"12","厚度"值改为"2",见图 5-83(a)。通过"颜色"项,设置纽扣的颜色。纽扣的设置效果见图 5-83(b)。

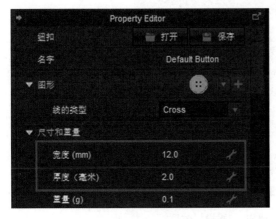

（a）修改尺寸参数　　　　　　　　　　　　　（b）纽扣效果

图 5-83 设置纽扣

用同样方法,按照门襟及领座上的扣位标记安装扣眼,门襟上的扣眼方向为水平,由于领座是两侧弯曲向上,所以领座左端安装的扣眼不应该为水平方向,应该进行角度调整。在 3D 工作窗口,利用【选择/移动纽扣】工具,在 2D 板片窗口选中领座上的扣眼,在"属性编辑器"窗口中,将"角度"值改为"340",见图 5-84(a)。调整角度后的扣眼方向如图 5-84(b)所示。

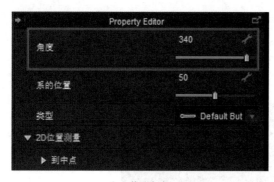
（a）修改角度

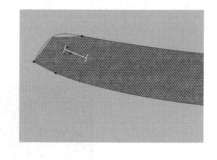
（b）角度效果

图 5-84　设置扣眼

最后,通过"对象浏览窗口"的"扣眼"页,选中当前的扣眼,在"属性编辑器"窗口中,通过"颜色"项,设置扣眼的颜色。至此,纽扣与扣眼设计完成,在 3D 工作窗口中的模拟效果见图 5-85。

图 5-85　纽扣、扣眼模拟效果

3. 创建明线

在 2D 板片窗口,利用【线段明线】工具,根据实际需要为一些板片添加明线。如领子、袖口、下摆、侧开衩等位置创建明线,并设置明线的种类及颜色。

4. 设置粒子间距

在 2D 板片窗口,利用【调整板片】工具框选全部板片,将粒子间距由"20"改为"10",按"回车"键完成。

5. 最终模拟

再次激活模拟,模拟完成后,调整模拟姿态为直立的姿态。至此,T恤衫完成,最终效果如图5-60所示。

第四节　男衬衫

本节通过男衬衫的缝制例子,巩固所学知识:模特尺寸的调整、板片的翻折功能、纽扣和扣眼的设置等。学习褶裥的处理方法、衬衫袖口的处理方法以及内部线的处理等,进一步学习明线的设置方法。男衬衫的效果图见图5-86。

图5-86　男衬衫效果图

一、准备工作

创建一个新项目,导入男性虚拟模特"Male_Martin"。为了方便服装板片的安排与模拟,建议仍采用双臂张开的姿势。由于本例采用的男衬衫纸样是为身高180cm、胸围94cm的男性设计的,因此需要通过"虚拟模特编辑器"修改虚拟模特的"总体高度"和"胸围"数值。

本节所使用的男衬衫纸样文件为"男衬衫.dxf"。通过菜单导入该纸样文件,在导入DXF对话窗口中,"比例"项选择"毫米",并且要勾选"选项"中的"将基础线勾勒为内部线"项。

导入的男衬衫纸样见图5-87。该衬衫文件共包含13个板片,2个前片、1个后片、1个过肩、2个袖片、2个袖口、2个宝剑头片、1个门襟片及2个领片。

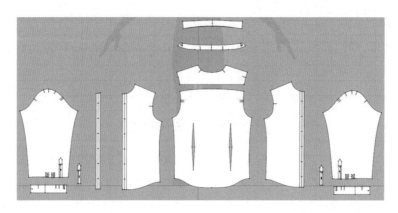

图 5-87　男衬衫板片

二、缝纫前、后片

1. 缝合后片及腰省

在 2D 工作窗口,首先利用【调整板片】工具,将需要缝纫的板片移动到适当的位置。利用【线缝纫】工具首先缝合后片的腰省,再缝合过肩与后片,见图 5-88。

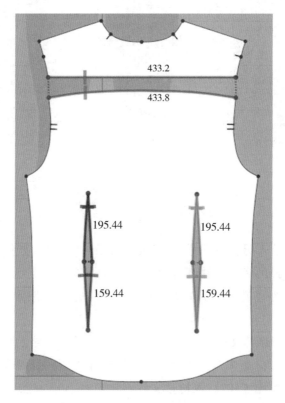

433.2

433.8

195.44　　　　195.44

159.44　　　　159.44

图 5-88　缝合后片

2. 缝合前片与门襟

在 2D 工作窗口,为了方便缝纫操作,首先利用【调整板片】工具,将 2D 板片窗口左侧的袖片、克夫、宝剑头 3 个板片移开,并将窗口另一侧的前片移至门襟的左侧位置。利用【自由缝纫】工具将门襟与其右侧的前片缝合;利用【线缝纫】工具根据扣位标志线,将左右前片缝合,见图 5-89。也可以根据需要,在扣位处创建圆形内部线,将 2 个前片在扣位处以圆形轨迹缝合。

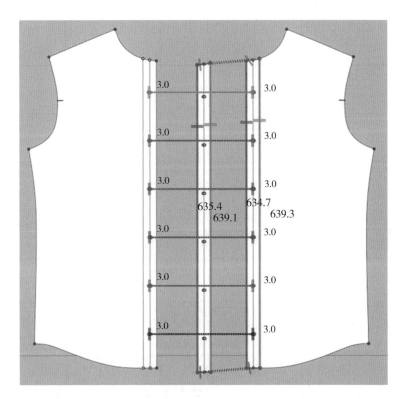

图 5-89　缝合前片与门襟

3. 缝合前、后板片

为了后续的缝纫操作方便,利用【调整板片】工具,再将前片及左侧的袖片、克夫、宝剑头 3 个板片移回原位。利用【线缝纫】工具将前、后板片的侧缝、肩线缝合,见图 5-90。

三、缝纫袖片

1. 缝合袖片与大身

在 2D 工作窗口,利用【自由缝纫】工具,根据袖片与前后板片的对应关系以剪口对位,将右侧袖子的袖山弧与对应的前、后板片袖窿弧进行缝合,见图 5-91。再将袖片的侧缝缝合。用同样方法,缝合另一个袖片的袖山弧与前、后板片的对应袖窿弧及袖侧缝。

2. 缝合袖口褶裥

在 2D 工作窗口,利用【线缝纫】工具,根据袖口褶裥的对折方式,将袖口处的褶裥缝合,见图 5-92。在模拟过程中,为了使袖褶向服装内侧翻折,利用【编辑板片】工具选中袖

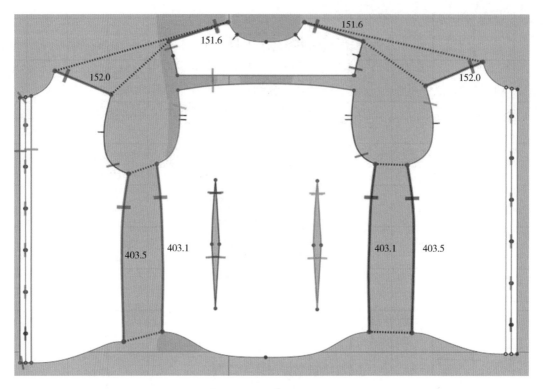

图 5-90　缝合侧缝及肩线

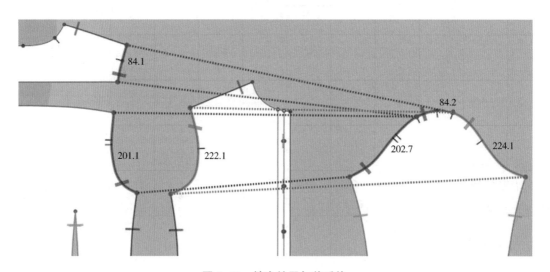

图 5-91　缝合袖子与前后片

褶的两条折边,并在"属性编辑器"窗口中将其"折叠角度"值修改为"0"。向织物正面翻折时,角度小于 180°,向织物反面翻折时,角度大于 180°。用同样方法设置另一侧的袖口褶裥。

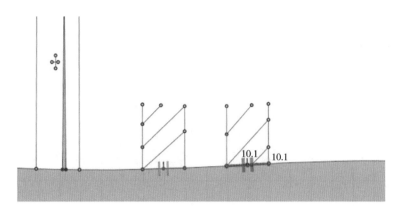

图 5-92 缝合袖口褶裥

3. 缝合袖克夫及宝剑头

利用【线缝纫】工具,首先将宝剑头与袖片缝合,再缝合宝剑头及袖片的扣位,见图 5-93。

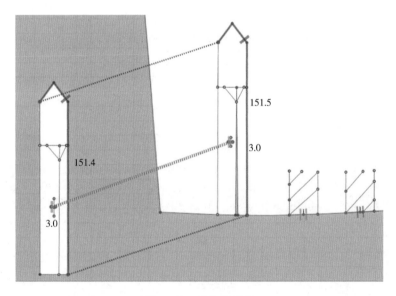

图 5-93 缝合宝剑头

根据袖口、袖克夫及宝剑头的对应关系,参照剪口位置进行缝合,缝合效果见图 5-94。同理,缝合另一侧的袖克夫及宝剑头。

最后,根据袖克夫的扣位,将袖克夫两端代表扣点的小线段缝合,见图 5-95。也可以根据需要,在扣位处创建圆形内部线,以圆形轨迹缝合。同理缝合另一个袖克夫的扣位。

四、缝纫领片

1. 缝合领座与前、后板片

在 2D 工作窗口,利用【线缝纫】工具参照剪口对位,将领座与前、后板片的领弧线缝合,见图 5-96。

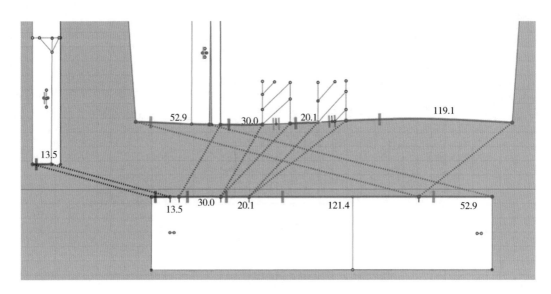

图 5-94　缝合袖克夫

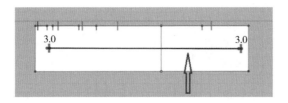

图 5-95　缝合袖克夫扣位

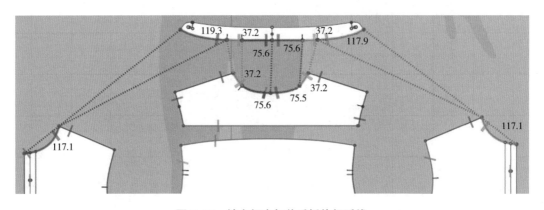

图 5-96　缝合领座与前后板片领弧线

2. 缝合领面与领座

服装的领面为双层对折,当领面翻下后仍为织物正面。三维虚拟服装不可能也没有必要与真实服装完全一样,因此为了领面在翻折后表现为织物的正面,将领面上下翻转即可。

在 2D 工作窗口,利用【调整板片】工具,选中领面,并按鼠标右键,在弹出的菜单中选择"垂直反",将领面料上下翻转。利用【自由缝纫】工具,将领面与领座缝合,见图 5-97。利用【编辑板片】工具选中领面的翻折线,并在"属性编辑器"窗口中将其"折叠角度"值修改为"0"。

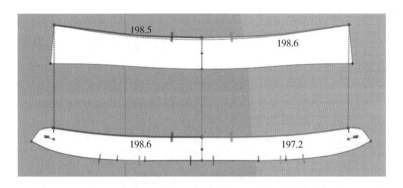

图 5-97 缝合领座与领面

五、板片安排与初步模拟

1. 安排板片

男衬衫的板片比较多,个别板片并不适合采用安排点进行排列,需要安排点及手工移动方式相结合进行。在 3D 工作窗口,按"Shift+F"键显示"安排点"。在虚拟模特的颈后部有 2 个安排点,将领座片安排在颈后部靠近模特颈部的安排点位置,将领面片安排在颈后部稍远离模特颈部的安排点位置,再参照安排点分别将左、右前片安排在身前的左右位置,见图 5-98。

图 5-98 安排前片及领片

　　参照手腕外侧的安排点,安排袖克夫;再参照肘关节的外侧安排点,将袖片安排在虚拟模特的胳膊位置,见图 5-99。操作时,如果先安排袖片,模特手腕部位的安排点将被袖子挡住,不能安排袖克夫,所以要先安排袖克夫,再安排袖片。

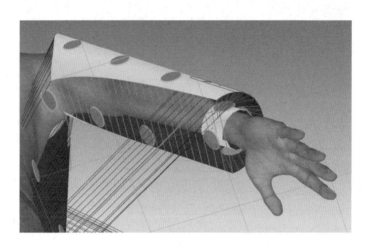

图 5-99　安排袖片与袖克夫

　　按"Shift+F"键隐藏"安排点",在 3D 板片窗口,利用【选择/移动】工具将宝剑头板片移至袖子的对应位置,见图 5-100。

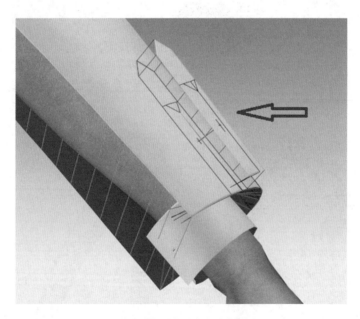

图 5-100　排列宝剑头板片

　　在 3D 工作窗口,显示后视图状态,利用【选择/移动】工具将过肩及后片移至身体的对应位置,并注意调整好板片的正反面,见图 5-101。

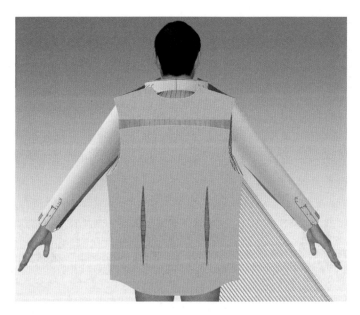

图 5-101 排列后片

因为门襟与左、右前片缝合是层叠的,为了模拟的正确与顺利,需要将这 3 个板片按正确的前后顺序排列在模特的身前。利用【选择/移动】工具选中右侧的前片,稍向外移动一点距离,再将门襟片移至模特身前,并位于左、右前片的最外侧,见图 5-102。

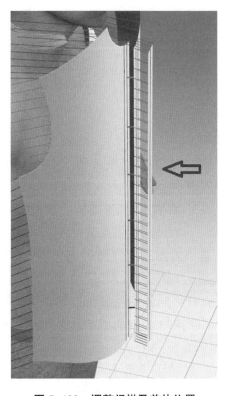

图 5-102 调整门襟及前片位置

2. 试衣模拟

在 3D 工作窗口通过各个视图,再次检查所有的缝纫线是否正确,检查板片的排列是否合理,如果发现不正确可以进行调整与修改。确定男衬衫的缝纫线及板片排列均已准确无误后,按【模拟】工具,激活模拟进行试衣。在模拟过程中,可以通过鼠标以拖拽方式对服装的局部进行调整,比如袖子可以稍微向上拉扯进行调整。如果领子的翻折不顺畅,也可以通过"硬化"的方法实现。此外,检查袖口处的折裥、宝剑头是否正确,检查袖克夫两端的搭接关系是否正确。如果袖克夫两端的搭接不正确,也可以通过鼠标拖拽调整。模拟完成后,退出模拟激活状态。男衬衫的初步模拟效果见图 5-103。

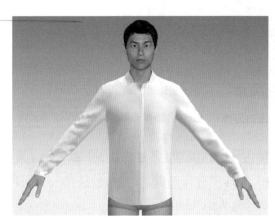 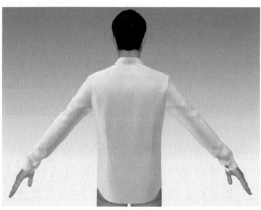

（a）正面　　　　　　　　　　　　　　　　　　（b）背面

图 5-103　男衬衫初步模拟图

六、设置与调整

1. 内部线处理

导入的 DXF 纸样通常会有一些内部辅助线,方便定位与缝纫。内部线在模拟的服装表面会显现出淡淡的折痕,如衬衫门襟用于定位扣位的中线,见图 5-104。在内部线不方便删除,但又不希望出现折痕的情况下,可以采用以下两个方法解决:

①利用【编辑板片】工具,选中内部线,并按鼠标右键,在弹出的菜单中选择"转换成基础线"。

②利用【编辑板片】工具,选中内部线,在"属性编辑器"窗口中,将"折叠渲染"设置为"off",即关闭折叠渲染功能,见图 5-105。

可以根据需要,将男衬衫板片中的部分内部线按照以上方法处理,去除服装表面不希望显示的折痕线,如门襟中线、领面与领座的后中线、袖褶裥的短斜线、袖克夫多余的折痕等。

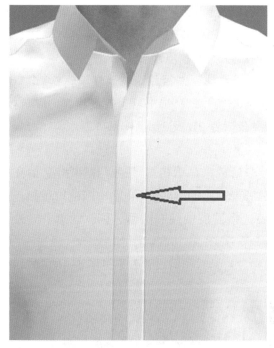

图 5-104　门襟中线折痕 　　　　　　　　图 5-105　关闭"折叠渲染"

2. 设置织物

本例男衬衫可以采用牛津纺面料。通过"Library"（资源库）中的"Fabric"（织物），选择"Cotton Oxford"（牛津纺）织物，双击后，该织物会添加到"对象浏览窗口"中。由于实际的领子与袖克夫是双层，并且内有衬，比较硬挺，虽然与衬衫大身、袖子均为"牛津纺"纹理，但与衬衫大身、袖子的物理属性是不同的，所以必须分别设置织物属性。因此，可以添加两个牛津纺织物，分别将其改名为"面料""领子袖克夫"，见图 5-106。从资源库中添加的织物，其相应的物理属性参数也均被设置为"牛津纺"的参数。

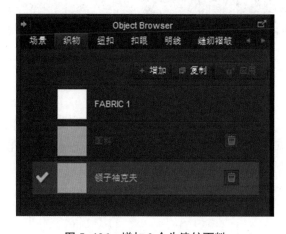

图 5-106　增加 2 个牛津纺面料

因为衬衫的领子与袖克夫内层均有黏合衬,比较硬挺,不能完全采用牛津纺织物的物理属性,需要稍做调整。在"对象浏览窗口"选中"领子袖克夫"织物,在"属性编辑器"窗口的"物理属性""细节"项中的"弯曲强度-纬纱"和"弯曲强度-经纱"的数值修改为65。

在 2D 板片窗口中,利用【调整板片】工具选中领子及袖克夫板片,在"属性编辑器"窗口的织物项目中,通过"织物"的下拉列表选择"领子袖克夫"。同理,选中剩余的板片,将其织物设置为"面料"。至此,男衬衫的织物全部设置完成,并反映在 2D 及 3D 工作窗口中。

3. 安装纽扣及扣眼

在 3D 工作窗口选择【纽扣】工具,在 2D 板片窗口,放大显示视图,按照门襟、领座、袖克夫以及宝剑头上的扣位标记安装纽扣,并通过"对象浏览窗口"的"纽扣"页,选中当前的纽扣。在"属性编辑器"窗口中,通过"图形"项的下拉列表选择需要的纽扣类型,并将"宽度"值改为"12","厚度"值改为"2",类型选择"Plastic"(塑料)。见图 5-107(a)。如果需要,再通过"颜色"项,设置纽扣的颜色。本衬衫可以采用白色纽扣。衬衫纽扣的设置效果见图 5-107(b)。

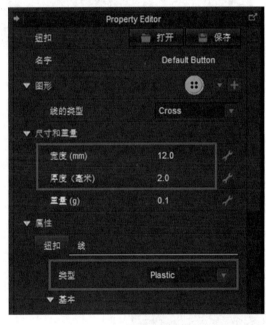

(a)修改纽扣参数

(b)纽扣效果

图 5-107　设置纽扣

按同样方法,参照门襟、领座等需要安装扣眼的扣位标记安装扣眼,门襟上的扣眼为水平状扣眼,由于领座是两侧弯曲向上,所以领座左端安装的扣眼不应该为水平方向,应该进行角度调整。在 3D 工作窗口,利用【选择/移动纽扣】工具,在 2D 板片窗口选中领座上的扣眼,在"属性编辑器"窗口中,将"角度"值改为"343",见图 5-108(a)。调整角度后的扣眼方向如图 5-108(b)所示。

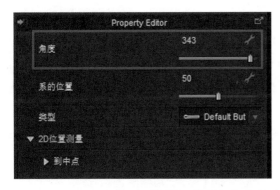 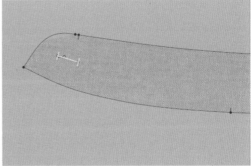

（a）修改角度   （b）角度效果

图 5-108　设置扣眼

　　通过"对象浏览窗口"的"扣眼"页,选中当前的扣眼,在"属性编辑器"窗口中,通过"颜色"项,设置扣眼的颜色。至此,纽扣与扣眼设计完成,在 3D 工作窗口中的模拟效果见图 5-109。

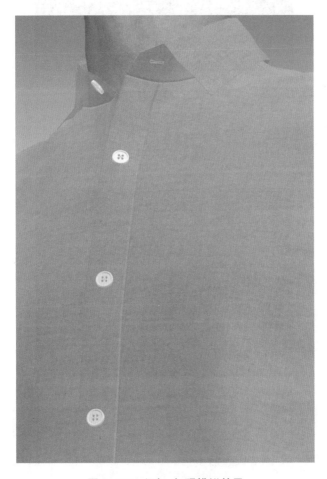

图 5-109　纽扣、扣眼模拟效果

4. 创建明线

衬衫的不同部位,明线与板片边线或缝纫线的距离是不同的,如大身侧缝、袖窿、袖侧缝、肩缝、袖克夫上沿约为 1mm 和 5mm 的双明线;领面、门襟、下摆、袖克夫下沿及左右两边为 5mm 单明线;领座、宝剑头为 1mm 的单明线。所以不能只采用一种明线表示,需要创建 3 条明线。在"对象浏览窗口"的"明线"页,默认包含一条明线"Default Topstitch"。按 2 次"增加"按钮,添加 2 条明线"Topstitch 1"和"Topstitch 2"。为了方便引用,将这三条明线的名称分别改为"1mm 明线""2mm 明线""1mm5mm 明线",见图 5-110。

图 5-110　创建三条明线

在"对象浏览窗口"的"明线"页,选中"1mm 明线",在"属性编辑器"窗口中,"类型"项选择"OBJ",将"间距"数值改为"1"mm,见图 5-111。用同样方法,再设置 5mm 明线。

图 5-111　设置 1mm 明线

选中"1mm5mm 明线",按上述方法设置 1mm 明线。在向下滚动"属性编辑器"窗口,找到"配置"项,将"线的数量"改为"2",将其下的"距离"数值改为"5"mm,见图 5-112。创建的三条明线的颜色均为白色。

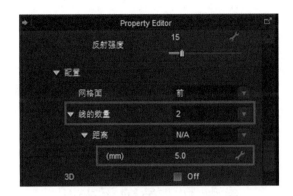

图 5-112　设置 1mm5mm 明线

在 2D 板片窗口,利用【编辑明线】工具,选中大身侧缝、袖窿弧线、袖侧缝、肩缝、袖克夫上边沿,在"属性编辑器"窗口中的"明线属性"中选择"1mm5mm 明线"(图 5-113)。用同样方法,将领面、门襟、下摆、袖克夫下沿及左右两边设置为 5mm 单明线;将领座、宝剑头设置为 1mm 的单明线。至此,明线设置全部完成,衬衫局部的明线效果见图 5-114。

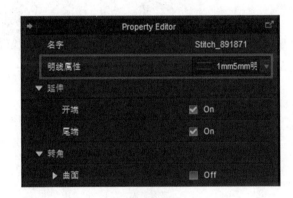

图 5-113　选择 1mm5mm 明线

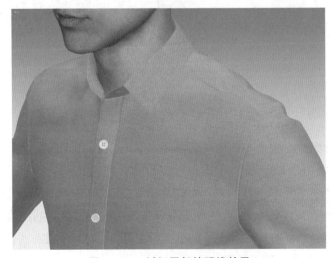

图 5-114　衬衫局部的明线效果

5. 设置粒子间距

在 2D 板片窗口,利用【调整板片】工具选中全部板片,将粒子间距由"20"改为"10",按"回车"键完成。

6. 最终模拟

再次激活模拟,模拟完成后,调整模拟姿态为直立的姿态。至此,男衬衫完成,最终效果如图 5-86 所示。

第五节　高领羊毛衫

本节通过男式高领羊毛衫的缝制例子,巩固学习的基本操作方法和熟记常用工具,同时,实践勾勒板片、进一步学习内部线的翻折功能、折叠角度的效果等。高领羊毛衫的效果图见图 5-115。

图 5-115　高领羊毛效果图

一、准备工作

创建一个新项目,导入男性虚拟模特"Male_Martin"。为了方便服装板片的安排与模拟,建议仍采用双臂张开的姿势。由于本例的高领羊毛衫纸样为身高 185cm、胸围 94cm 左右的男性设计的,因此可直接采用模特,无须调整虚拟模特的尺寸。

本节所使用的高领羊毛衫纸样文件为"羊毛衫.dxf"。通过菜单导入该纸样文件,在导入 DXF 对话窗口中,"比例"项选择"毫米",并且要勾选"选项"中的"将基础线勾勒为内部线"项。

导入的高领羊毛衫纸样见图 5-116。该羊毛衫文件共包含 8 个板片,1 个前片、1 个后片、2 个袖子片、2 个袖克夫、1 个下摆板片及 1 个领片。

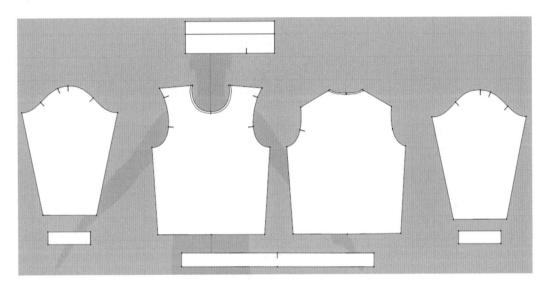

图 5-116　高领羊毛衫板片

二、勾勒领圈板片

羊毛衫领子与大身缝合处通常会表现出一个比较凸的领圈,为达到这一效果,需要从前、后板片勾勒出一个领圈板片,单独与前、后板片缝合(图 5-117)。

在 2D 工作窗口,选择【勾勒轮廓】工具,按下键盘的"Shift"键,利用鼠标依次点击前片构成领圈的周边线。选中周边线后,按鼠标右键,在弹出的菜单中选择"勾勒为板片"后,移动鼠标将勾勒的板片放于方便操作的位置,勾勒创建的前领圈板片,见图 5-118。同理勾勒出后领圈板片。

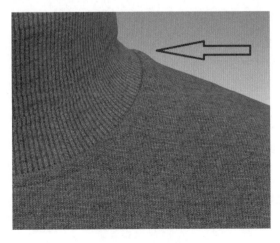

图 5-117　领圈

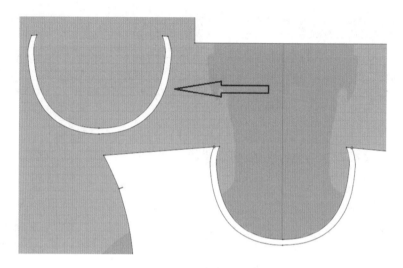

图 5-118　前领圈板片

三、缝纫领子

1. 缝合前、后领圈板片

在 2D 工作窗口,利用【线缝纫】或【自由缝纫】工具将前领圈板片周边线与前片板片领圈对应的线缝合在一起,见图 5-119。同理,再缝合后领圈板片,见图 5-120。

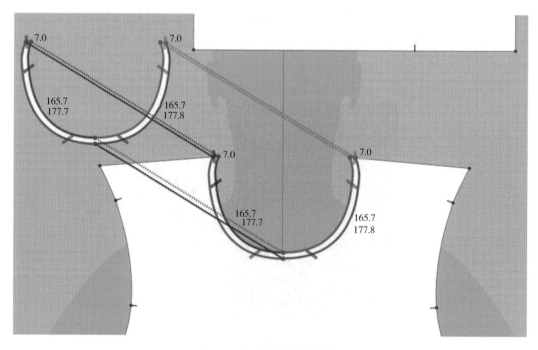

图 5-119　缝合前领圈板片

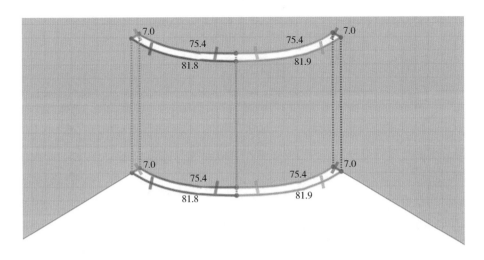

图 5-120　缝合后领圈板片

2. 缝纫领子

在 2D 板片窗口,利用【自由缝纫】工具,缝合领子与前后板片,缝合领子的左右边线,见图 5-121。

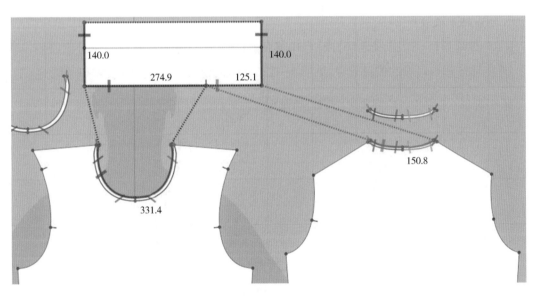

图 5-121　缝合领子

四、缝纫前、后板片

在 2D 板片窗口,利用【线缝纫】或【自由缝纫】工具,缝合前后板片的侧缝、肩线与下摆片,见图 5-122。

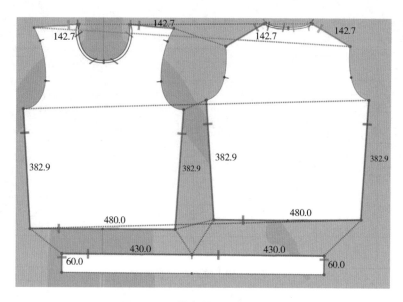

图 5-122　缝合前后板片及下摆

五、缝纫袖片

1. 缝合袖片及袖口

在 2D 板片窗口,利用【线缝纫】或【自由缝纫】工具,首先将右侧的袖片与对应的袖口板片缝合,再将袖片及袖口片的侧缝缝合,见图 5-123。同理,将另一侧的袖片与袖口片缝合。

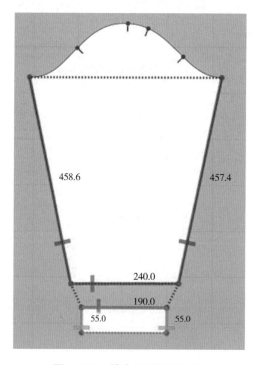

图 5-123　缝合袖子与袖口片

2. 缝合袖片与大身

在 2D 板片窗口,利用【线缝纫】或【自由缝纫】工具,根据袖片与大身的对应关系,将右侧袖子的袖山弧分别与对应的前、后片袖窿弧进行缝合,见图 5-124。用同样方法,再将另一袖片分别与前、后板片的对应袖窿弧缝合。

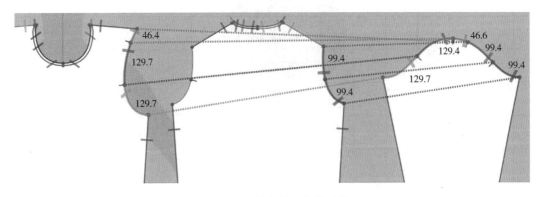

图 5-124　缝合袖子与前后片

六、板片安排与初步模拟

1. 安排板片

在 3D 工作窗口,按"Shift + F"键显示"安排点"。利用【选择/移动】工具,将 3D 工作窗口中的板片移开虚拟模特,以方便选择"安排点"。首先,参照安排点分别将前、后板片安排在模特身体前后位置;其次,参照腕部的安排点安排袖口片,再参照肘关节侧面的安排点安排袖口片。最后,参照后颈部内侧的安排点排列领片,见图 5-125。

图 5-125　安排大身及袖片等

按"Shift+F"键隐藏"安排点"。在 3D 板片窗口,利用【选择/移动】工具将 2 个领圈板片移至前、后板片前的适当位置,见图 5-126。

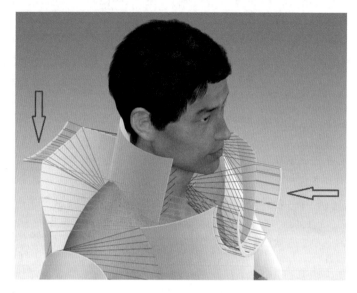

图 5-126　排列前后领圈板片

2. 试衣模拟

在 3D 工作窗口通过各个视图,检查所有的缝纫线是否正确。如果发现不正确的缝纫线,可以利用【编缉缝纫线】工具进行编辑或删除再重新创建缝纫线。确定羊毛衫的所有缝纫线均已准确无误后,按【模拟】工具,激活模拟工具进行试衣模拟。在模拟过程中,由于安排点并不能确保服装板片在三维空间的位置完全符合板片的缝纫对位,有时会出现扭转,见图 5-127。可以在模拟时,利用鼠标按箭头方向稍稍拖拽调整即可,调整后效果见图 5-128。

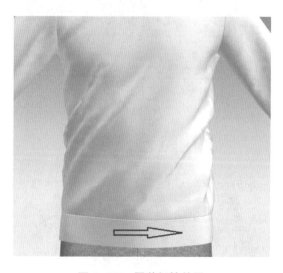

图 5-127　服装扭转效果

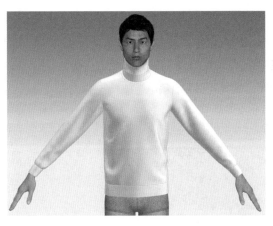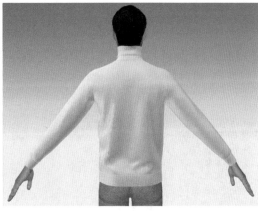

（a）正面　　　　　　　　　　　　　　（b）背面

图 5-128　羊毛衫初步模拟图

3. 翻折处理

由图 5-128 可以看出,羊毛衫的高领没有翻折。为了进行翻折,首先在 2D 板片窗口,利用【编辑板片】或【调整板片】工具,选中领子的翻折线,在"属性编辑器"窗口中,将"折叠角度"由 180°改为 360°,并按"回车"键确定。在 3D 工作窗口,利用【选择/移动】工具选中领子,单击鼠标右键,在弹出的菜单中选择"硬化"或按"Ctrl+H"键,将领子板片硬化。硬化后,袖口板片变为橙黄色。再次激活模拟,利用鼠标向下拖拽进行翻折。翻折完成后,再将"折叠角度"由 360°改为 220°,这样羊毛衫的高领在翻折后会显得比较饱满,不会太生硬。退出模拟激活状态,再选中领子,通过右键菜单中的"解除硬化"或按"Ctrl+H"键,解除领子板片的硬化状态。领子翻折后的效果见图 5-129。

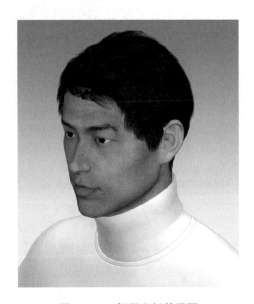

图 5-129　领子翻折效果图

4. 领圈的凸感

为了实现领圈板片的凸感,可以利用【内部多边形/线】工具,沿领圈板画一条内部线,见图 5-130。在"属性编辑器"窗口中,将这条内部线的"折叠角度"由 180°改为 170°。用同样方法处理后领圈板片,模拟后会产生轻微的凸起效果,见图 5-131。

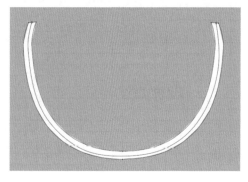

图 5-130　画领圈内部线

图 5-131　领圈板片的凸起效果

七、设置与调整

1. 设置织物

通常,羊毛衫的大身及袖子为一种结构;领子、袖口、下摆为罗纹结构;而前、后片与高领结合处的领圈板片会比较硬挺。因此,需要创建三种织物,可以分别取名称为"大身袖子""罗纹"和"领圈",见图 5-132。

图 5-132　创建三种织物

本书提供了用于羊毛衫的织物图像,即羊毛衫织物和罗纹织物。通过"属性编辑器"窗口,分别将"大身袖子"和"领圈"的纹理设置为羊毛衫织物图像,将"罗纹"的纹理设置为罗纹织物图像。将"大身袖子"的"物理属性"设置为"预设"中的"平针针织物"(Knit_Ponte_Jersey)。展开罗纹织物"物理属性"中"细节"项,将"弯曲强度-纬纱"和"弯曲强度-经纱"的数值设置为

"40"，将"变形率-纬纱"和"变形率-经纱"数值设置为"10"，将"弯曲强度-纬纱"和"弯曲强度-经纱"的数值设置为"80"。展开领圈织物"物理属性"中"细节"项，将"弯曲强度-纬纱"和"弯曲强度-经纱"的数值设置为"70"，将"变形率-纬纱"和"变形率-经纱"数值设置为"0"，将"弯曲强度-纬纱"和"弯曲强度-经纱"的数值设置为"90"。

在2D板片窗口中，利用【调整板片】工具，分别选中相同织物板片，通过"属性编辑器"窗口，设置其所对应的织物。至此，羊毛衫的织物全部设置完成，并反映在2D及3D工作窗口中。

2. 创建明线

在2D板片窗口，利用【线段明线】工具，根据实际需要为板片添加明线。如领圈下边沿等，并设置明线的种类及颜色。

3. 设置粒子间距

在2D板片窗口，利用【调整板片】工具框选全部板片，将粒子间距由"20"改为"10"，按"回车"键完成。

4. 最终模拟

再次激活模拟，模拟完成后，调整模拟姿态为直立的姿态。至此，羊毛衫完成，最终效果如图5-115所示。

第六节　露肩连衣裙

本节通过露肩连衣裙的缝制例子，巩固板片在三维空间的操控、纹理设备与调整等基本操作方法。学习创建内部线及弹性橡筋的表现方法等。露肩连衣裙的效果图见图5-133。

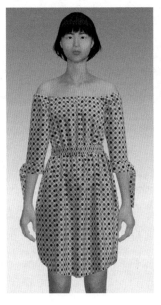

图5-133　露肩连衣裙效果图

一、准备工作

创建一个新项目,导入女性虚拟模特"Female_Kelly"。为了方便服装板片的安排与模拟,建议仍采用双臂张开的姿势。由于本例露肩连衣裙款式比较宽松,使用默认模拟就可以,不需要调整模拟的尺寸。可以选择一下模特的头发。

本节所使用的露肩连衣裙纸样文件为"露肩连衣裙.dxf"。通过菜单导入该纸样文件,在导入 DXF 对话窗口中,"比例"项选择"毫米",并且要勾选"选项"中的"将基础线勾勒为内部线"项。

导入的露肩连衣裙纸样见图 5-134。该衬衫文件共包含 14 个板片,1 个前片、1 个后片、2 个侧片、2 个袖子片、4 个袖口片、2 个裙片及 2 个腰带片。

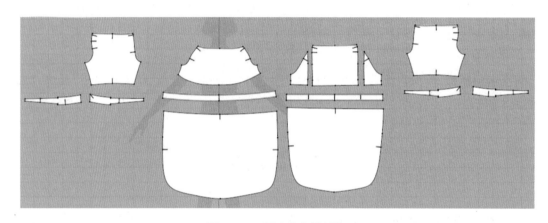

图 5-134 露肩连衣裙板片

二、缝纫前后片

1. 缝合前片及腰带

在 2D 工作窗口,首先利用【调整板片】工具,将需要缝纫的板片移动到适当的位置。利用【线缝纫】或【自由缝纫】工具首先缝合前身片与腰带片,再缝合腰带片与前裙片,见图5-135。

2. 缝合后身片及腰带

在 2D 工作窗口,利用【自由缝纫】工具参照剪口,首先缝合后身片、侧片,再利用【线缝纫】或【自由缝纫】工具将后身片及侧片与腰带片缝合,最后缝合腰带片与后裙片,见图 5-136。

3. 缝合前、后片侧缝

在 2D 工作窗口,利用【自由缝纫】或【线缝纫】工具,分别将大身前后片及腰带前后片的侧缝缝合;对应参照剪口,再将前后裙片缝合,见图 5-137。

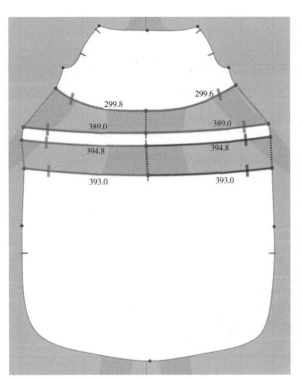

图 5-135 缝合前身片、腰带片、前裙片

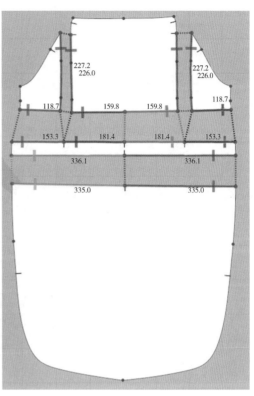

图 5-136 缝合后身片、腰带片、后裙片

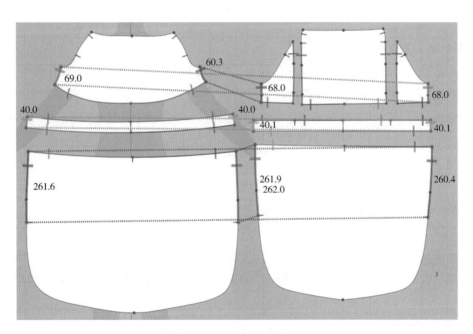

图 5-137 缝合侧缝、裙片

三、缝纫袖片

1. 缝合前片与袖片

在 2D 板片窗口,为了方便缝合操作,利用【调整板片】工具将右侧的袖片移至前片的右上侧位置。利用【线缝纫】或【自由缝纫】工具,根据袖片与前片的对应关系并且剪口对位,将右侧袖子的袖山弧分别与对应的前片袖窿弧进行缝合,见图 5-138。

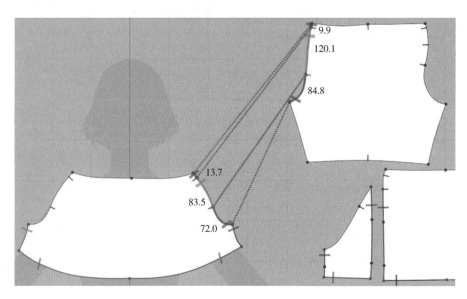

图 5-138　缝合前片与袖片

2. 缝合后片与袖片

在 2D 板片窗口,为了方便缝合操作,利用【调整板片】工具再将右侧的袖片移至前片的上侧位置。利用【自由缝纫】工具,根据袖片与后片的对应关系及剪口对位,将右侧袖子的袖山弧分别与对应的后片袖窿弧进行缝合,见图 5-139。完成后再利用【调整板片】工具将该袖片移回最初位置。

3. 缝合袖片与袖口片

利用【线缝纫】或【自由缝纫】工具,根据袖片与袖口片的对应关系及剪口对位,将右侧袖片与对应的袖口片缝合,最后再缝合袖片及袖口片的侧缝,见图 5-140。

4. 袖口处理

该连衣裙的袖口是通过两个条形板片一端缝纫在一起,而另一端打结系在一起的。为了模拟这一效果,可以将一侧的袖口板片先缝合一下。利用【自由缝纫】工具,按图 5-141 方式进行缝纫。

5. 缝合左侧袖片

参照右侧袖片与前、后身片的对应关系,缝合左侧的袖片与大身及袖口片。至此,露肩连衣裙的全部缝纫操作均已完成。

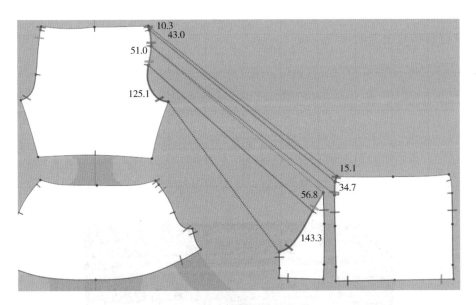

图 5-139　缝合后片与袖片

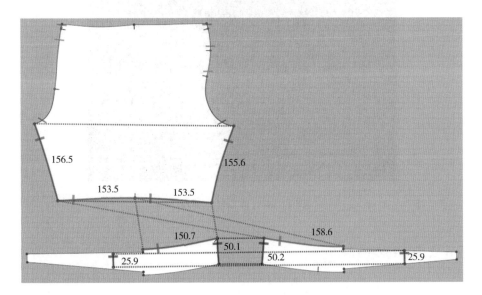

图 5-140　缝合袖片与袖口片

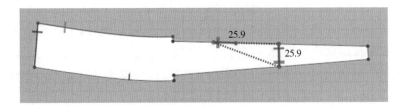

图 5-141　缝纫袖口

四、设置腰带及上沿的弹性

本例的露肩连衣裙比较宽松,在领窝及腰带内通常需要安装弹性橡筋。在 CLO3D 文件中,可以通过对板片、周边线或内部线的"弹性"参数设置来实现。在 2D 板片窗口,利用【编辑板片】工具,选中露肩连衣裙中构成领窝线的相关板片的周边线段,即前片、后片、袖片的上沿线段,在"属性编辑器"窗口中将"弹性"项目设置为"开"(On),再将"力度"值设置为 10,"比例"值设置为 80,见图 5-142。同理,选中腰带片的上、下边沿线段,在"属性编辑器"窗口中将"弹性"项目设置为"开"(On),再将"力度"值设置为 10,"比例"值设置为 50。

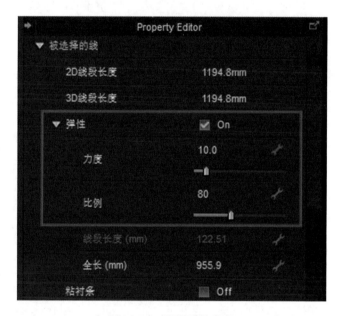

图 5-142 设置弹性参数

五、板片安排与初步模拟

1. 安排板片

在 3D 工作窗口,按"Shift+F"键显示"安排点"。参照安排点分别将前后身片、侧片、前后裙片及袖片安排好。安排好后,再利用【选择/移动】工具进行适当的调整,以尽量与穿着状态相近。完成后,再按"Shift+F"键关闭"安排点"显示。利用【选择/移动】工具对已安排好的板片位置进行微调,并对板片的角度也进行一定的调整,调整完成后,见图 5-143。由于袖口板片不适合采用安排点排列,利用【选择/移动】工具将 4 个袖口板片移动至每个袖口的对应位置上,并确保板片的正反摆放正确,一侧袖口的摆放效果见图 5-144。

图 5-143　安排主要板片

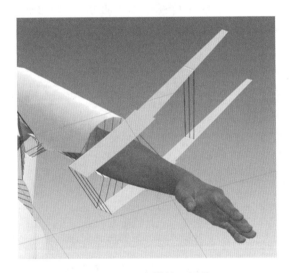

图 5-144　安排袖口板片

2. 试衣模拟

在 3D 窗口通过各个视图,再次检查所有的缝纫线是否正确,检查板片的排列是否合理,如果发现不正确可以进行调整与修改。确定露肩连衣裙的缝纫线及板片排列均已准确无误后,按【模拟】工具,激活模拟工具进行试衣模拟。在模拟过程中,可以通过鼠标以拖拽方式对服装的局部进行调整,比如袖子、领口等部位。露肩连衣裙的初步模拟效果见图 5-145。

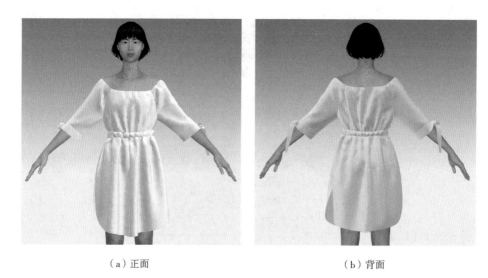

（a）正面 　　　　　　　　　　　　（b）背面

图 5-145　露肩连衣裙初步模拟图

六、设置与调整

1. 添加内部线

　　露肩连衣裙初步模拟可以看到,腰带的模拟不太真实,其初步效果见图 5-146。通常腰带中会包含多条橡筋,为了提高腰带的模拟效果,可以通过在腰带板片内添加内部线的方法来达到多条橡筋的效果。

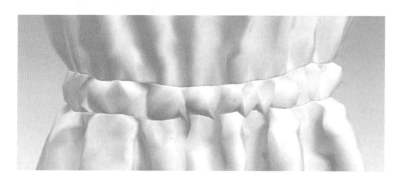

图 5-146　腰带初步模拟效果图

　　在 2D 板片窗口,利用【内部多边形/线】工具,按下键盘的"Ctrl"键,在腰带板片内画出 2 条与腰带上、下沿边线近似平行的内部曲线,再沿每条内部曲线,分别画出一条波浪曲线,见图 5-147。

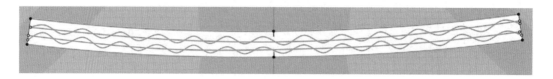

图 5-147　创建腰带板片的内部曲线

利用【编辑板片】工具,选中这些内部线,在"属性编辑器"窗口中将"弹性"项目设置为"开"(On),再将"力度"值设置为 10,"比例"值设置为 50。激活模拟后,腰带的模拟效果见图 5-148。

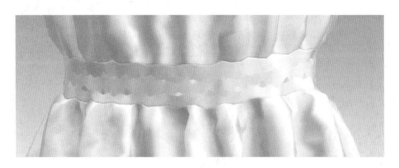

图 5-148　腰带模拟效果图

2. 设置织物

本节提供了一个用于露肩连衣裙的织物图像,即露肩连衣裙织物。选中"对象浏览窗口""织物"中的织物"FABRIC 1",通过"属性编辑器"窗口,将该织物的纹理设置为露肩连衣裙织物图像;将织物的"物理属性"的"预设"设置为"棉巴厘纱"(Cotton_Voile)。利用【编辑纹理】工具,将织物纹理比例调整为 200%。

3. 创建明线

露肩连衣裙的领圈、下摆、腰带、袖口等处可以根据需要创建明线。

4. 设置粒子间距

在 2D 板片窗口,利用【调整板片】工具选中全部板片,将粒子间距由"20"改为"10",按"回车"键完成。

5. 最终模拟

再次激活模拟,模拟完成后,调整模拟姿态为直立的姿态,至此,露肩连衣裙完成。最终效果如图 5-133 所示。

第七节　旗袍

本节通过旗袍的缝制例子,巩固所学的一些基本操作和常用工具的同时,学习与实践省道的处理方法、特殊配件表现方法,如盘扣。进一步了解板片之间层次关系的处理。旗袍的效果图见图 5-149。

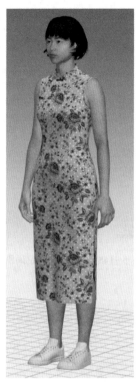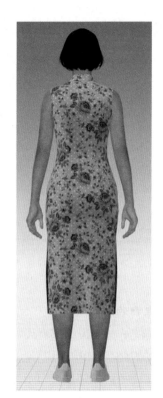

图 5-149　旗袍效果图

一、准备工作

创建一个新项目,导入男性虚拟模特"Female_Kelly"。为了方便服装板片的安排与模拟,建议仍采用双臂张开的姿势。由于本例采用的旗袍纸样为身高 178cm、胸围 90cm 的女性设计的,因此首先需要调整虚拟模特的尺寸。通过菜单【虚拟模特】——【虚拟模特编辑器】打开"虚拟模特编辑器"窗口,修改虚拟模特"整体尺寸"中的"总体高度"和"胸围"数值。此外,也可以根据需要选择一下模特的头发等。

本节所使用的旗袍纸样文件为"旗袍 . dxf"。通过菜单导入该纸样文件,在导入 DXF 对话窗口中,"比例"项选择"毫米",并且要勾选"选项"中的"将基础线勾勒为内部线"项。

导入的旗袍纸样见图 5-150。该衬衫文件共包含 4 个板片,1 个前片、1 个后片、1 个大襟片及 1 个领片。

二、省道处理

本例旗袍的腰省以内部线的方式描绘出,直接通过将内部线缝制合省方式,有时会出现合省后的省内面料外露的问题,虽然可以通过激活模拟利用鼠标拖拽的方式将其拉入服装内部解决,但通常可以通过以下 2 个方法更方便地解决。

1. 剪去省道内部部分

在 2D 板片窗口,选择【调整板片】工具,单击省道,此时省道的两条边线同时被选中。单击

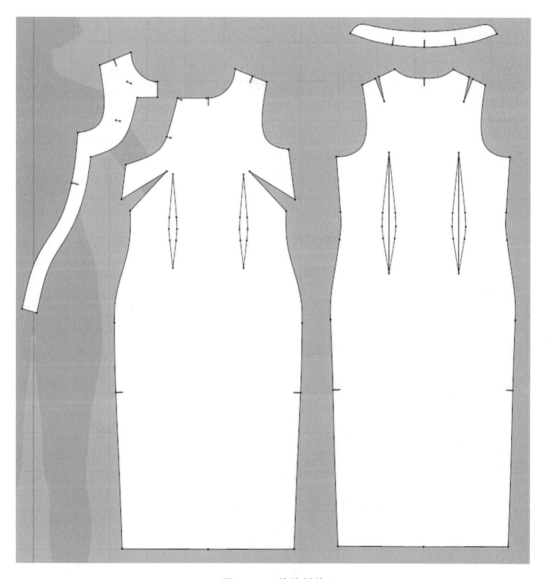

图 5-150 旗袍样片

鼠标右键,在弹出的菜单中选择"转换为洞",将腰省挖出;或选择【编辑板片】工具,双击构成省道的任意一条边线段,此时省道的两条边线同时被选中,再通过右键菜单的"转换为洞"的功能挖去省道内部的部分,以方便缝合模拟。

2. 设置折叠角度

在 2D 板片窗口,选择【调整板片】或【编辑板片】工具,选中构成省道的两条边线,在"属性编辑器"窗口中,将"折叠角度"的数值修改为"90",从而使得在模拟时,省道向服装内侧方向折叠。

本旗袍例子采用方法 1,剪去省道内部的部分,效果见图 5-151。

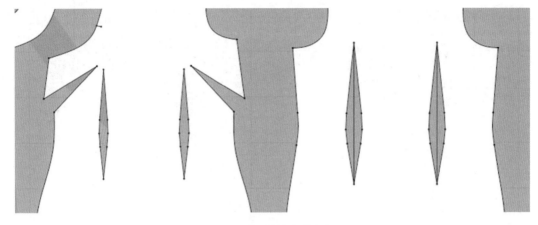

图 5-151　挖掉省道内部

三、缝合省道

在 2D 板片窗口,利用【自由缝纫】工具分别将前、后板片的 4 个腰省缝合,利用【线缝纫】或【自由缝纫】工具将前片的腋下省缝合,见图 5-152。

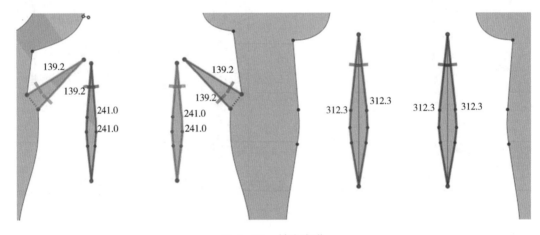

图 5-152　缝合省道

四、缝合领片

在 2D 板片窗口,利用【线缝纫】或【自由缝纫】工具,参照剪口定位,将领子分别与大襟片及后片缝合。在缝纫过程中,为了方便缝合,可以利用【调整板片】工具对领片进行移动。缝合完成的效果见图 5-153。

五、缝纫肩缝

在 2D 板片窗口,利用【线缝纫】或【自由缝纫】工具,首先缝合后片的 2 个肩省,再参照剪口,缝合大襟与后片的肩线,见图 5-154。

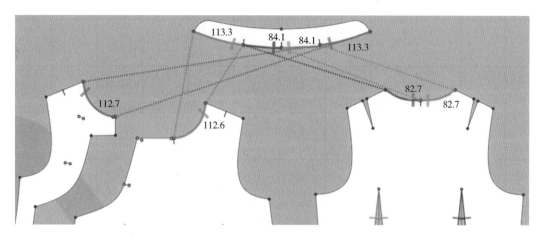

图 5-153　缝合领子

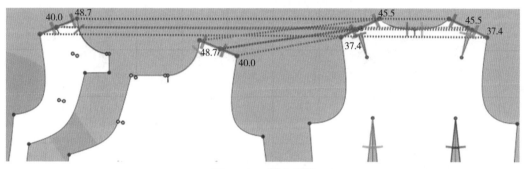

图 5-154　缝合肩缝

六、缝纫侧缝及大襟

1. 缝合大襟片

在 2D 板片窗口,利用【自由缝纫】工具,将大襟与前片在侧缝处缝合,见图 5-155。同理,将另一侧的袖片与袖口片缝合。

2. 缝合前后片、大襟片

在 2D 板片窗口,利用【自由缝纫】工具,根据大襟与前、后片的对应关系,参照剪口定位,将大襟片与前、后片进行缝合,缝合效果见图 5-156。

3. 缝合大襟扣位

在 2D 板片窗口,利用【线缝纫】或【自由缝纫】工具,根据大襟与前片的对应扣位线段进行缝合,见图 5-157。至此,全部缝纫工作均已完成。

七、板片安排与初步模拟

1. 安排板片

在 3D 工作窗口,按"Shift+F"键显示"安排点"。利用【选择/移动】工具,将 3D 工作窗口中的板片移开虚拟模特,以方便选择"安排点"。首先,参照安排点分别将后片及领片安排在模特

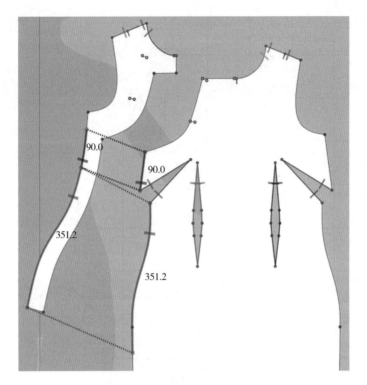

图 5-155　缝合大襟与前片

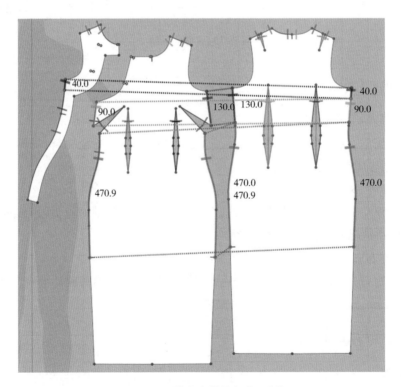

图 5-156　缝合大襟片与前、后片

身后位置。再按"Shift+F"键关闭"安排点"显示。利用【选择/移动】工具将大襟片与前片移动至虚拟模特身前位置,并且将大襟片移位于前片内侧位置,见图5-158。

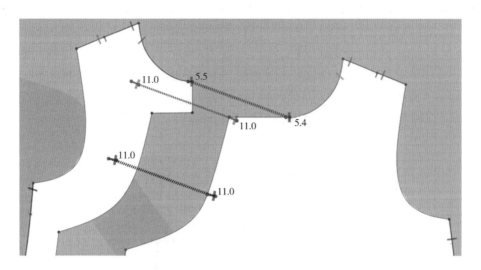

图 5-157　缝合扣位

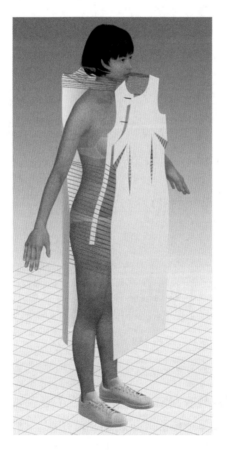

图 5-158　安排板片

2. 设定板片层次

由于大襟片比较细长,虽然排列放在前片的内侧,但在模拟时也有可能会有部分露出来。虽然可以在模拟激活状态下利用鼠标拖拽方式逐渐将其调整到前片内侧,但每次重置位置再模拟时,都需要这样调整,并不方便。因此,可以利用【设定层次】工具对板片的内外顺序进行设置。在 2D 板片窗口,选择【设定层次】工具,此时在 2D 板片窗口中的所有板片将只显示板片的外轮廓线。首先单击前片(将其设定为外层),前片的外轮廓线将变成红色,并且有一个红色箭头随鼠标移动。再单击大襟片(将其设定为里层),两个板片之间生成黑色的箭头,在箭头中间的符号出现"+"号,表示箭头方向是外层板片指向内层板片,见图 5-159。

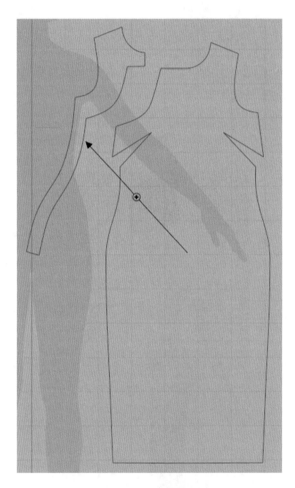

图 5-159　设定板片层次

3. 试衣模拟

在 3D 窗口通过各个视图,检查所有的缝纫线是否正确。如果发现不正确的缝纫线,可以利用【编缉缝纫线】工具进行编辑或删除并重新创建缝纫线。确定旗袍的所有缝纫线均已准确无误后,按【模拟】工具,激活模拟工具进行试衣模拟。模拟稳定后的效果见图 5-160。

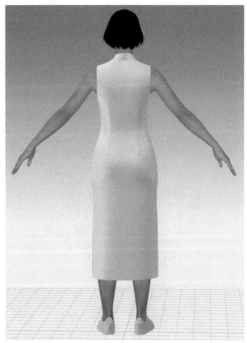

（a）正面　　　　　　　　　　　　　　　　（b）背面

图 5-160　旗袍初步模拟图

4. 盘扣模拟

图 5-160 的初步模拟,只是在盘扣的位置进行了模拟缝纫,并没有安装盘扣。因为当前的 Clo3D v5 中没有提供这一配件。可以通过以下两个方法解决:

①创建矩形板片,并将纹理设置为一个盘扣图形的 PNG 格式文件。因为 PNG 格式的图像可以背景透明,从而模拟出盘扣较复杂的外形。

②利用其他三维 CAD 软件,创建盘扣的 3D 模型,保存为 OBJ 格式文件,然后导入 CLO3D 进行模拟。该方法可能模拟得比较逼真,但要求熟悉三维 CAD 软件,而且也需要花费大量时间进行建模,不太适合大多数服装专业的人员使用。

本例采用相对简捷的方法①。在 2D 板片窗口,利用【长方形】工具创建一个宽 50mm、高 13mm 的矩形板片,再利用【内部多边形/线】工具,在矩形内部创建一条长度为 10mm 的内部线,见图 5-161。完成后再通过右键菜单复制 2 个,共 3 个用于模拟盘扣的矩形板片。

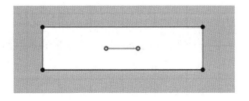

图 5-161　创建矩形板片

利用【调整板片】工具,将 3 个矩形板片移至 3 个盘扣的对应位置,利用【线缝纫】工具将 3 个矩形板片的内部小线段与盘扣位的线段缝合在一起,见图 5-162。

在 3D 工作窗口,利用【选择/移动】工具,将 3 个矩形板片移至旗袍的对应位置,见图 5-163(a),进行模拟后见图 5-163(b)。

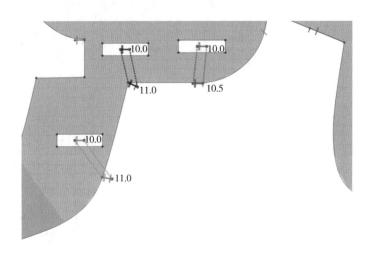

图 5-162　缝合矩形板片

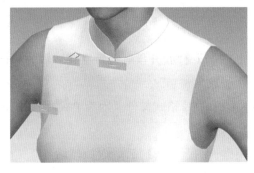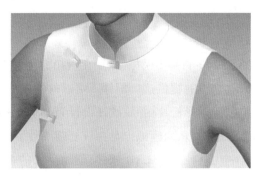

（a）矩形板片排列　　　　　　　　　　　　　　　（b）矩形板片模拟

图 5-163　矩形板片排列与模拟

八、设置与调整

1. 设置织物

本例需要创建 2 个织物,可以分别取名称为"盘扣""旗袍面料"。通过"属性编辑器"窗口,将 2D 板片窗口中 3 个矩形板片的织物设置为"盘扣"织物;将旗袍板片的织物设置为"旗袍面料"。

本书提供了分别用于旗袍的织物图像和盘扣的 PNG 格式图像。通过"属性编辑器"窗口将"盘扣"织物的"纹理"设置为 PNG 格式的盘扣图像。此时矩形板片将显示出盘扣图像,但有可能图像的比例和定位不正确。利用【编辑纹理(2D)】工具对每个矩形板片中的纹理图像进行比例、位置、角度的调整,使得每一个矩形板片正好显示一个盘扣图像,见图 5-164。

　　由于盘扣比较硬挺,可以将"盘扣"织物的"物理属性"中的"弯曲强度-纬纱"和"弯曲强度-经纱"的数值设置为 90。模拟效果见图 5-165。

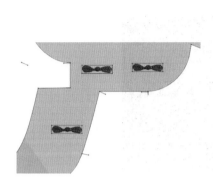

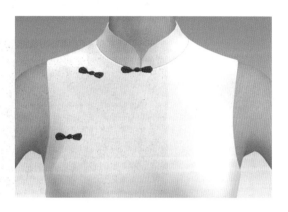

图 5-164　调整盘扣纹理　　　　　　　　　　图 5-165　盘扣模拟效果

　　将"旗袍面料"织物的纹理设置为旗袍面料图像。此时旗袍将显示出纹理图案。将"旗袍面料"的"物理属性"设置为"预设"中"棉缎"(Cotton_Sateen)。再次激活模拟,旗袍纹理的效果见图 5-166。

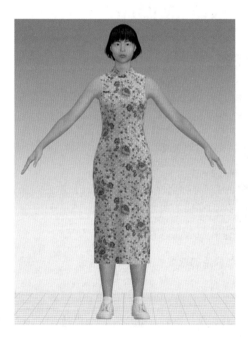
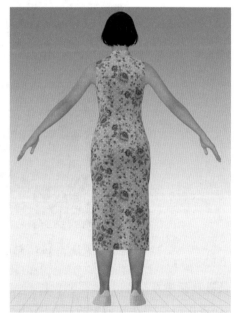

图 5-166　旗袍纹理模拟效果

2. 创建明线

在 2D 板片窗口,利用【线段明线】工具,根据实际需要为板片添加明线。如领子、大襟、下摆、开衩等处,并设置明线的种类及颜色。

3. 创建嵌条(绲边)

在 3D 工作窗口,利用【嵌条】工具,为旗袍的袖窿加嵌条,并设置嵌条的宽度为 5mm,并设置"织物"为"旗袍面料",见图 5-167。旗袍袖窿添加嵌条后的效果见图 5-168。

图 5-167　设置嵌条宽度

图 5-168　袖窿添加嵌条的效果

4. 设置粒子间距

在 2D 板片窗口,利用【调整板片】工具框选全部板片,将粒子间距由"20"改为"10",按"回车"键完成。

5. 最终模拟

再次激活模拟,模拟完成后,调整模拟姿态为直立的姿态。至此,旗袍完成,最终效果如图 5-149 所示。

第八节　服装组合

多件服装模拟组合穿着时,为了方便模拟顺利进行,首先将每一件服装单独缝纫。模拟完成后,分别保存服装项目。供服装组合穿着模拟使用。本节通过介绍男西裤及衬衫的组合模拟例子,巩固所学过的知识,如板片在三维空间的操控、板片的层次设置等。学习多层服装模拟的技巧。

一、准备工作

1. 另存服装文件

首先打开第四节保存的男衬衫项目。由于男衬衫项目的最终模拟为双臂下垂的直立姿势,该姿势对于服装袖子重新模拟时,有可能会出现不顺利的情况。因此,为了组合服装模板的顺利进行,通过"资源库"——"Avator"——"Male_Martin"——"Pose",将模特的姿势调整为双臂张开的直立姿势。通过菜单"文件"——"另存为"——"服装",以服装方式保存男衬衫项目。

2. 打开男西裤项目

打开第二节保存的男西裤项目,并将模特的胸围调整为94cm,以适合穿着衬衫。由于模特围度尺寸进行了微调,西裤的穿着效果有可能会出现"穿帮"的问题,见图5-169。此时只需按【模拟】工具,开始模拟,西裤将逐渐恢复为正常的穿着状态。再按【模拟】工具,取消激活模拟状态。

3. 添加服装

通过菜单"文件"——"添加"——"服装",选择刚保存的男衬衫服装文件,系统弹出"增加服装"对话窗口,"加载类型"项选择"增加",见图5-170。按"确认"键完成。增加衬衫后的2D板片窗口及3D工作窗口见图5-171。之前各节在最终模拟时,都将板片的"粒子间距"改为了10cm。因此,为了能够比较快速地调整与模拟,首先在2D板片窗口选中所有板片,将板片的"粒子间距"改为20cm。在2D板片窗口利用【调整板片】工具选中"男衬衫"的所有板片,在3D工作窗口,利用【选择/移动】工具调整衬衫板片在虚拟模特身体的位置。由于衬衫袖口的缝纫比较复杂,所以在调整时,尽量使衬衫的袖口与虚拟模特的手腕处吻合。

二、衬衫穿着在西裤外

1. 设置服装层

由于虚拟模特穿着有西裤,衬衫位置合适后,仍然会有"穿帮"现象。此时是不能仅通过"模拟"功能解决的。在2D板片窗口,利用【调整板片】工具选中衬衫的门襟片及2个前片,在3D工作窗口,利用【选择/移动】工具将这3个板片稍向前移动。同理,将衬衫后片及过肩板片稍向后移动,以方便之后的模拟可以更加顺利地进行。见图5-172。在2D板片窗口,选中所有衬衫板片,在"属性编辑器"窗口中,将"模拟属性"的"层"设置为"1",见图5-173。按"回车"键确认后,这时3D工作窗口的衬衫将显示为荧光绿色。

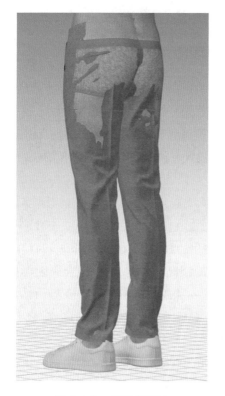

图 5-169　模特调整后

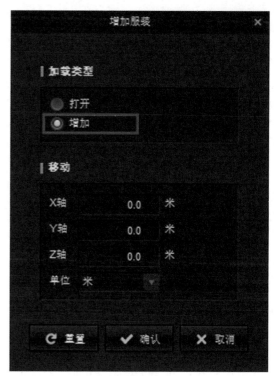

图 5-170　"增加服装"对话窗

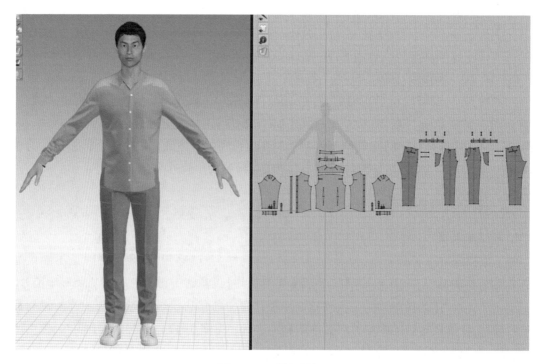

图 5-171　增加衬衫

图 5-172 移动衬衫前后板片

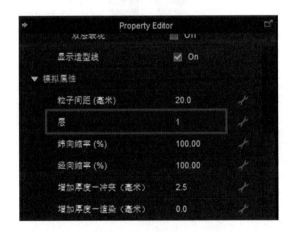

图 5-173 设置衬衫层为"1"

2. 模拟

按【模拟】工具,激活模拟功能,此时衬衫会慢慢穿好。在模拟过程中,还可以利用【选择/移动】工具对衬衫的穿着状态进行微调,直至满意。按【模拟】工具停止模拟。再选中所有衬衫板片,在"属性编辑器"窗口中,将"模拟属性"的"层"设置为"0"。此时,衬衫的荧光绿色消失,恢复原有的纹理效果,见图 5-174。模拟满意后,读者可以根据需要,重新设置板片的粒子间距,再进行姿态的调整及更精细的模拟。

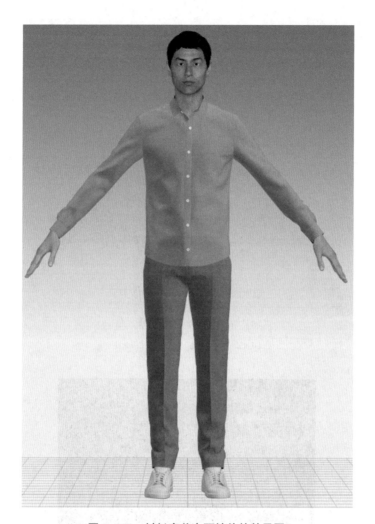

图 5-174　衬衫穿着在西裤外的效果图

三、衬衫穿着在西裤内

将衬衫穿着在西裤内的效果,可以在衬衫穿着在西裤外的例子基础上调整得到。

1. 设置服装层

在 2D 板片窗口,利用【调整板片】工具选中所有西裤板片,在"属性编辑器"窗口中,将"模拟属性"的"层"设置为"1",并按"回车"键确认,此时,在 3D 工作窗口的西裤将显示为荧光绿色。这个时候先不要进行模拟,如果现在进行模拟,衬衫虽然可以比较顺利地进入裤子内侧,由于在腰位置有多个板片相互重叠,并且还有纽扣,有可能造成模拟的不稳定,见图 5-175,模拟会很长时间也达不到预期效果。

2. 调整纽扣

如果服装没有服饰配件,如纽扣,通过设置"模拟属性"的"层",是可以比较顺利地完成多层服装的模拟的。但当有服饰配件时,如本例中,衬衫及裤腰处均有纽扣,往往会造成模拟的不

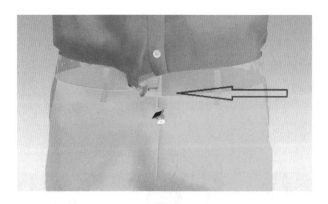

图 5-175 腰部模拟不稳定

稳定。在这种情况下,可以通过以下方法解决。

方法一:首先删除裤腰处及衬衫门襟上被西裤挡住的纽扣,然后进行模拟,模拟完成后,再重新安装西裤腰位置的纽扣。纽扣安装后,再根据需要对纽扣的尺寸、颜色等进行设置。在删除西裤纽扣时,由于西裤腰部已被衬衫覆盖,无法选中纽扣。此时,可以在 2D 板片窗口,利用【调整板片】工具,选中衬衫板片后,按"Shift + Q"键,或在选中的板片上单击鼠标右键,在弹出的菜单中选择"隐藏 3D 板片",使衬衫在 3D 窗口不显示,以方便西裤腰部纽扣的处理。完成后,再在 2D 板片窗口,选中隐藏的板片,按"Shift + Q"键,或在选中的板片上单击鼠标右键,在弹出的菜单中选择"显示 3D 板片",使衬衫在 3D 窗口重新显示出来。

方法二:首先在 2D 板片窗口,利用【调整板片】工具,选中衬衫板片后,按"Shift + Q"键,或在选中的板片上单击鼠标右键,在弹出的菜单中选择"隐藏 3D 板片",使衬衫在 3D 窗口不显示。在 3D 工作窗口,利用【编辑纽扣】工具选中西裤腰部的纽扣,再通过侧视图,将纽扣在身前移动一小段距离,即移至衬衫的外面,见图 5-176。完成后,再在 2D 板片窗口,选中隐藏的板片,按"Shift + Q"键,或在选中的板片上单击鼠标右键,在弹出的菜单中选择"显示 3D 板片",使衬衫在 3D 工作窗口重新显示出来。在 3D 工作窗口,利用【编辑纽扣】工具选中衬衫门襟最下端的一粒纽扣,按"Delete"键将其删除。

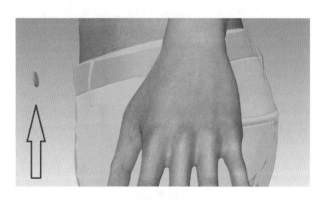

图 5-176 移动纽扣

3. 模拟

纽扣处理完成后,按【模拟】工具,激活模拟功能,此时衬衫会慢慢进入西裤内侧。在模拟过程中,还可以利用【选择/移动】工具对衬衫的穿着状态进行微调,直至满意,按【模拟】工具停止模拟。再选中所有西裤板片,在"属性编辑器"窗口中,将"模拟属性"的"层"设置为"0"。此时,西裤的荧光绿色消失,恢复原有的纹理效果,见图 5-177。模拟满意后,可以根据需要,重新设置板片的粒子间距,再进行姿态的调整及更精细的模拟。

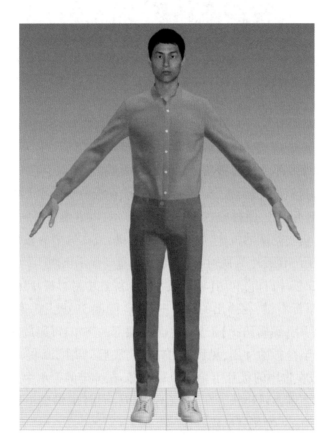

图 5-177　衬衫穿着在西裤内的效果图

第六章　虚拟织物悬垂性研究

近十年,三维技术在虚拟服装领域受到了很大的重视,在服装设计与生产、网上展示与营销以及游戏领域均有广泛的应用。如何使虚拟服装的表现更加真实,是学者们研究的重点之一。目前的三维虚拟服装主要通过两种方式创建,一种方法是利用三维建模软件,直接在人体模型上创建服装;另一种方法是先通过服装 CAD 纸样设计系统设计服装的纸样,再导入三维服装 CAD 系统中进行缝纫与模拟。但无论采用哪种方法,最终都希望虚拟服装尽可能地接近真实的服装。

虚拟服装的真实感主要由虚拟服装的外观形态及表面材质的表现所决定,而虚拟服装的外观形态在很大程度上是由虚拟织物的悬垂性决定的。在现实生活中,织物的悬垂性是指织物因自重而下垂的性能,对服装的风格特征起着决定性的作用,并且直接影响着服装造型。织物的悬垂性研究,可分为对织物悬垂的物理参数的研究和对织物悬垂形态的模拟研究。通过织物悬垂的物理参数,人们能够建立起良好的织物悬垂性的数字系统。对织物悬垂形态的研究,更多是与人们对织物的美感要求联系在一起的。

在计算机三维环境中,主要是以粒子网格的方式表现虚拟织物,而且有些三维软件中描述虚拟织物的属性参数没有单位,虽然有个别参数名称与真实织物相似,但仍然无法直接使用真实织物的属性参数值。因此,研究计算机三维环境下虚拟织物的属性参数与虚拟织物悬垂性能的关系,将有助于更准确地在三维环境下模拟服装。

第一节　虚拟织物悬垂性的试验方法

织物的物理属性是决定服装的悬垂感等外观感觉的主要因素,常用的三维软件或三维服装 CAD 系统中,用于设置面料物理属性的参数包括弹力(Stretch)、剪切刚度(Shear)、弯曲(Bending)、曲率(Buckling-Ratio)、弯曲刚度(Buckling-Stiffness)、密度(Density)等,这些参数的数值会影响虚拟织物的悬垂性能。本研究通过调整三维服装 CAD 软件中的物理属性值,来表现大多数面料的悬垂效果。

首先利用三维建模软件 Rhino 创建的虚拟织物的悬垂仪模型,见图 6-1。虚拟织物的圆形直径为 24 cm,夹持盘直径为 12cm。将该模型导入三维服装 CAD 软件中,调节三维系统中虚拟织物的属性参数,进行织物的悬垂形态仿真试验。待悬垂形态稳定后,利用北京服装学院张辉博士研发的虚拟织物悬垂性能测试软件求解虚拟织物的各项悬垂性指标,见图 6-2。测量的指标包括悬垂系数、波纹数、投影面积、平均波峰夹角、波峰夹角不匀率、平均波谷夹角、波谷夹角不匀率、平均峰高、峰高不匀率、平均谷高、谷高不匀率、方向不对称度、形状因子。

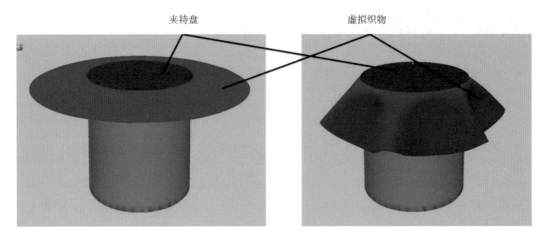

图 6-1　虚拟悬垂仪模型

通过前期的研究发现,弹力、剪切刚度、弯曲、曲率、弯曲刚度、密度 6 个属性参数对虚拟织物的悬垂形态影响较大。在这些参数中,弯曲和密度对悬垂形态的影响最大,其次是弹力、剪切刚度,最后是曲率和弯曲刚度。通过各项指标对悬垂形态的影响和织物悬垂外观的综合考虑,最终确定各个属性参数的取值。本研究分别研究 Autodesk Maya 和 CLO3D 两个软件环境下的虚拟织物的悬垂性模拟。表 6-1 为 CLO3D 软件中虚拟织物各属性参数的实验取值。如果每个参数所有取值均进行试验,试验量将达 55125 次。因此,对虚拟织物悬垂性影响最大的 2 个参数弯曲和密度(Destiny)以外的其他 4 个参数进行正交试验设计,正交设计试验结果见表 6-2,共得到 49 种组合。将这 49 种组合与弯曲和密度排列组合取值结果再进行排列组合,共得到 2205 种取值组合。

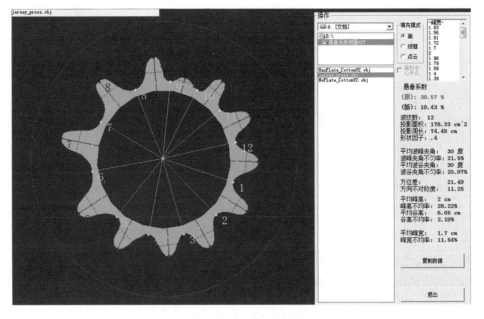

图 6-2　虚拟织物悬垂性能测试软件

表 6-1　虚拟织物属性参数取值表

虚拟织物属性参数	取值
弹力	5-20-35-50-65-80-95
剪切刚度	5-20-35-50-65-80-95
弯曲	20-30-40-50-60
曲率	10-30-50-70-90
弯曲刚度	10-30-50-70-90
密度	10-20-30-40-50-60-70-80-90

表 6-2　弹力、剪切刚度、曲率、弯曲刚度的正交试验设计结果

序号	弹力	剪切刚度	曲率	弯曲刚度
1	35	80	10	50
2	65	50	10	90
3	50	65	10	70
4	80	20	90	70
5	5	65	10	30
6	65	95	50	70
7	65	20	30	10
8	65	80	30	30
9	35	35	10	70
10	80	65	30	50
11	35	50	30	10
12	35	5	30	30
13	50	50	90	30
14	95	35	70	30
15	35	95	70	90
16	50	80	70	10
17	95	20	10	30
18	80	35	10	10
19	65	35	90	50
20	50	95	30	10
21	80	95	10	30
22	65	65	70	30
23	5	80	30	70
24	35	20	50	30
25	20	5	70	70

序号	弹力	剪切刚度	曲率	弯曲刚度
26	5	35	30	90
27	95	95	30	50
28	5	20	70	50
29	50	5	50	50
30	20	35	50	10
31	95	80	10	10
32	5	5	10	10
33	80	50	70	10
34	95	50	30	70
35	20	20	30	10
36	80	5	30	30
37	20	80	90	30
38	95	65	50	10
39	5	50	50	30
40	5	95	90	10
41	95	5	90	90
42	50	35	30	30
43	20	50	10	50
44	20	95	10	30
45	80	80	50	90
46	20	65	30	90
47	50	20	10	90
48	65	5	10	10
49	35	65	90	10

第二节　虚拟织物属性参数与悬垂指标的相关性分析

本节将测到的 2205 组数据进行分析,探究虚拟织物的各个悬垂性指标与其属性参数之间的关系。

一、悬垂系数与虚拟织物属性参数

1. 悬垂系数与虚拟织物属性参数相关分析

虚拟织物的悬垂系数与三维服装 CAD 系统中的虚拟织物属性参数的相关分析结果见

表6-3。

表6-3 悬垂系数与虚拟织物属性参数相关系数

属性参数	弹力	剪切刚度	弯曲	曲率	弯曲刚度	密度
相关系数	0.104*	0.110*	0.767**	-0.033	0.015	-0.463**

由表6-3悬垂系数与虚拟织物属性参数相关分析结果可知,悬垂系数与虚拟织物的弯曲、密度显著相关($p<0.01$)。弹力、剪切刚度与悬垂系数的相关系数仅为0.104和0.110,属于弱相关,密度与悬垂系数相关系数为-0.463,为中等相关,而弯曲与悬垂系数的相关系数为0.767为高度强相关,是影响悬垂系数的主要因素。在一定范围内,弯曲值越大,密度值越小,悬垂系数值就越大。

弯曲和密度代表了计算机三维软件中的弯曲强度和密度,即虚拟织物的抗弯刚度越大,密度越小,悬垂系数也就越大,这与真实织物的力学参数和悬垂系数关系是基本一致的。

2. 建立回归模型

通过逐步线性回归法进行回归分析,最后进入线性回归方程的变量为:弹力、剪切刚度、弯曲、曲率和密度共5个变量。在变量选取基础上,将悬垂系数Y_1设为因变量,将弹力X_1、剪切刚度X_2、弯曲X_3、曲率X_4、密度X_6为自变量进行逐步线性回归分析,回归分析结果见表6-4。

表6-4 悬垂系数回归分析结果

项目	非标准化回归系数		标准化回归系数(beta)	t值	Sig值
	B	估计标准误差			
常数项	18.465	0.824		22.402	0.000
弹力	0.085	0.007	0.118	12.970	0.000
剪切刚度	0.080	0.007	0.111	12.138	0.000
弯曲	1.158	0.013	0.792	88.524	0.000
曲率	-0.021	0.007	-0.027	-2.883	0.004
密度	-0.407	0.007	-0.506	-56.516	0.000

根据表6-4回归分析结果,得到悬垂系数的回归方程为:

$$Y_1=18.465+0.085X_1+0.080X_2+1.158X_3-0.021X_4-0.407X_6 \qquad 式(6-1)$$

修正的R^2为0.867,回归方程的Sig小于0.01,各个回归系数的Sig值均小于0.01,故此方程具有统计学意义。

二、波纹数与虚拟织物属性参数

1. 波纹数与虚拟织物属性参数相关分析

虚拟织物的波纹数与三维服装CAD系统中的虚拟织物属性参数的相关分析结果见表6-5。

表 6-5　波纹数与虚拟织物属性参数相关系数

属性参数	弹力	剪切刚度	弯曲	曲率	弯曲刚度	密度
相关系数	−0.011	0.000	−0.762 **	−0.002	−0.015	0.434 **

由表 6-5 波纹数与虚拟织物属性参数相关分析结果可知,弯曲和密度与波纹数显著相关 ($p<0.01$),弹力与波纹数的相关系数是−0.011,属于非常弱相关。弯曲与波纹数的相关系数为 −0.762,为高度强相关,密度与波纹数的相关系数是 0.434,为中等相关。因此弯曲是影响波纹 数的主要因素。弯曲代表三维软件中的抗弯刚度,织物越柔软,悬垂度越好,产生的波纹数越 多,因此弯曲与波纹数正向强相关符合真实织物实际情况。

2. 建立回归模型

通过逐步线性回归法进行回归分析,最后进入线性回归方程的变量为弹力、弯曲和密度三 个变量。在变量选取基础上,将波纹数 Y_2 设为因变量,将弹力 X_1、弯曲 X_3、密度 X_6 为自变量进 行逐步线性回归分析,回归分析结果见表 6-6。

表 6-6　波纹数回归分析结果

项目	非标准化回归系数		标准化回归系数(beta)	t 值	Sig 值
	B	估计标准误差			
常数项	9.148	0.072		126.529	0.000
弯曲	−0.107	0.001	−0.788	−73.020	0.000
密度	0.036	0.001	0.476	44.105	0.000

根据表 6-6 回归分析结果得到波纹数的回归方程为:

$$Y_2 = 9.148 - 0.107X_3 + 0.036X_6 \qquad 式(6-2)$$

修正 R^2 为 0.807,回归方程的 Sig 小于 0.01,各个系数的 Sig 值均小于 0.01,故此方程具有 统计学意义。

三、形状因子与虚拟织物属性参数

1. 形状因子与虚拟织物属性参数相关分析

虚拟织物的形状与三维服装 CAD 系统中的虚拟织物属性参数的相关分析结果见表 6-7。

表 6-7　形状因子与虚拟织物属性参数相关系数

属性参数	弹力	剪切刚度	弯曲	曲率	弯曲刚度	密度
相关系数	0.103	0.115	0.769 **	−0.036	0.02	−0.467 **

由表 6-7 形状因子与虚拟织物属性参数相关分析结果可知,弯曲和密度与形状因子的相 关系数分别为 0.769 和−0.467,分别属于高强相关和中等相关。形状因子反映的是虚拟织物的 成褶能力,数值越小,越能形成细小的褶皱。因此弯曲越小,密度越大,形状因子相应就会变小,

模拟时越容易形成细小的褶皱,这与真实织物是基本一致的。

2. 建立回归模型

通过逐步线性回归法进行回归分析,最后进入线性回归方程的变量为弹力、剪切刚度、弯曲和密度共4个变量。在变量选取基础上,将形状因子Y_3设为因变量,将弹力X_1、剪切刚度X_2、弯曲X_3、密度X_6为自变量进行逐步线性回归分析,回归分析结果见表6-8。

表6-8　形状因子回归分析表

项目	非标准化回归系数		标准化回归系数(beta)	t值	Sig值
	B	估计标准误差			
常数项	0.403	0.006		62.815	0.000
弹力	0.001	0.000	0.114	13.079	0.000
剪切刚度	0.001	0.000	0.122	13.961	0.000
弯曲	0.010	0.000	0.795	91.759	0.000
密度	−0.004	0.000	−0.510	−58.865	0.000

根据表6-8回归分析结果,得到形状因子回归方程为:

$$Y_3 = 0.403 + 0.001X_1 + 0.001X_2 + 0.10X_3 - 0.004X_6 \qquad 式(6-3)$$

修正R^2为0.875,回归方程的Sig小于0.01,各个系数的Sig值均小于0.01,故此方程具有统计学意义。

四、平均波峰夹角和平均波谷夹角与虚拟织物属性参数

1. 平均波峰夹角和平均波谷夹角与虚拟织物属性参数相关分析

虚拟织物的平均波峰夹角与三维服装CAD系统中的虚拟织物属性参数的相关分析结果见表6-9。虚拟织物的平均波谷夹角与三维服装CAD系统中的虚拟织物属性参数的相关分析结果见表6-10。

表6-9　平均波峰夹角与虚拟织物属性参数相关系数

属性参数	弹力	剪切刚度	弯曲	曲率	弯曲刚度	密度
相关系数	0.025	−0.026	0.740**	0.020	0.024	−0.376**

表6-10　平均波谷夹角与虚拟织物属性参数相关系数

属性参数	弹力	剪切刚度	弯曲	曲率	弯曲刚度	密度
相关系数	0.025	−0.026	0.740**	0.019	0.025	−0.376**

从表6-9、表6-10的平均波峰夹角和平均波谷夹角悬垂系数与虚拟织物属性参数相关分析结果可知,平均波峰夹角、平均波谷夹角与弯曲正相关和密度负相关。平均波峰夹角和平均波谷夹角与波纹数的变化密切相关,因为夹角的数值等于$360/n$,n代表波纹数。波纹数越多,

夹角越小,与真实织物是一致的。

2. 建立回归模型

通过逐步线性回归法进行回归分析,最后进入线性回归方程的变量为弯曲和密度 2 个变量。在变量选取基础上,将平均波峰夹角 Y_4 设为因变量,将弯曲 X_3、密度 X_6 为自变量进行逐步线性回归分析,回归分析结果见表 6-11。

表 6-11 平均波峰夹角回归分析结果

项目	非标准化回归系数		标准化回归系数(beta)	t 值	Sig 值
	B	估计标准误差			
常数项	36.550	0.730		50.043	0.000
弯曲	0.874	0.015	0.762	58.835	0.000
密度	-0.263	0.008	-0.417	-32.199	0.000

根据表 6-11 回归分析结果,得到平均波峰夹角回归方程为:

$$Y_4 = 36.550 + 0.874X_3 - 0.263X_6 \qquad 式(6-4)$$

修正 R^2 为 0.721,回归方程的 Sig 小于 0.01,各个系数的 Sig 值均小于 0.01,故此方程具有统计学意义。

五、平均峰高与虚拟织物属性参数

1. 平均峰高与虚拟织物属性参数相关分析

虚拟织物的平均峰高与三维服装 CAD 系统中的虚拟织物属性参数的相关分析结果见表 6-12。

表 6-12 平均峰高与虚拟织物属性参数相关系数

属性参数	弹力	剪切刚度	弯曲	曲率	弯曲刚度	密度
相关系数	-0.148**	-0.200**	-0.415**	0.048*	0.003	0.309**

由表 6-12 平均峰高与虚拟织物属性参数相关分析结果可知,平均峰高与虚拟织物的弹力和剪切刚度之间的相关系数分别为 -0.148 和 -0.200,属于非常弱相关。平均峰高与虚拟织物的弯曲的相关系数为 -0.415,属于中等相关。平均峰高与虚拟织物的密度的相关系数为 0.309,属于弱相关。弯曲对平均峰高的影响相对较大。弯曲数值越大,平均峰高就越小。在实际织物实验中,剪切应力和交织阻力是影响平均峰高的重要因素,而抗弯刚度与平均峰高为弱相关,但在虚拟织物实验中,弯曲的影响程度明显高于剪切刚度。

2. 建立回归模型

通过逐步线性回归法进行回归分析,最后进入线性回归方程的变量为弹力、剪切刚度、弯曲和密度 4 个变量。在变量选取基础上,将平均峰高 Y_5 设为因变量,将弹力 X_1、剪切刚度 X_2、弯曲 X_3、密度 X_6 为自变量进行逐步线性回归分析,回归分析结果见表 6-13。

表 6-13　平均峰高回归分析结果

项目	非标准化回归系数		标准化回归系数（beta）	t 值	Sig 值
	B	估计标准误差			
常数项	3.089	0.057		54.403	0.000
弹力	−0.004	0.000	−0.171	−8.575	0.000
剪切刚度	−0.005	0.000	−0.216	−10.843	0.000
弯曲	−0.021	0.001	−0.431	−21.744	0.000
密度	0.009	0.001	0.333	16.809	0.000

根据表 6-13 回归分析结果,得到平均峰高回归方程为:

$$Y_5 = 3.089 - 0.004X_1 - 0.005X_2 - 0.021X_3 + 0.009X_6 \qquad 式（6-5）$$

修正 R^2 值为 0.350,回归方程的 Sig 小于 0.01,且各个系数的 Sig 值均小于 0.01,故此方程具有统计学意义。

六、平均谷高与虚拟织物属性参数

1. 平均谷高与虚拟织物属性参数相关分析

虚拟织物的平均谷高与三维服装 CAD 系统中的虚拟织物属性参数的相关分析结果见表 6-14。

表 6-14　平均谷高与虚拟织物属性参数相关系数

属性参数	弹力	剪切刚度	弯曲	曲率	弯曲刚度	密度
相关系数	0.132[**]	0.146[**]	0.724[**]	−0.036	0.014	−0.461[**]

由表 6-12 平均谷高与虚拟织物属性参数相关分析结果可知,平均谷高与虚拟织物的弹力和剪切刚度之间的相关系数分别为 0.132 和 0.146,属于非常弱相关。平均谷高与虚拟织物的弯曲的相关系数为 0.724,属于高度强相关。平均谷高与虚拟织物的密度的相关系数为 −0.461,属于中等相关。所以虚拟织物的弯曲是影响平均谷高的重要参数。在实际织物实验中,剪切应力和交织阻力是影响平均谷高的重要因素,而抗弯刚度与平均谷高为弱相关,但在计算机三维环境中的虚拟织物实验中,弯曲的影响程度明显高于剪切刚度。

2. 建立回归模型

通过逐步线性回归法进行回归分析,最后进入线性回归方程的变量为弹力、剪切刚度、弯曲、曲率和密度 5 个变量。在变量选取基础上,将平均谷高 Y_6 设为因变量,将弹力 X_1、剪切刚度 X_2、弯曲 X_3、曲率 X_4 和密度 X_6 为自变量进行逐步线性回归分析,回归分析结果见表 6-15。

表6-15 平均谷高回归分析结果

项目	非标准化回归系数		标准化回归系数（beta）	t 值	Sig 值
	B	估计标准误差			
常数项	6.233	0.065		95.763	0.000
弹力	0.007	0.001	0.152	14.147	0.000
剪切刚度	0.007	0.001	0.152	14.085	0.000
弯曲	0.073	0.001	0.748	71.093	0.000
曲率	-0.001	0.001	-0.029	-2.630	0.000
密度	-0.027	0.001	-0.502	-47.688	0.000

根据表6-15回归分析结果,得到平均谷高回归方程为:

$$Y_6 = 6.233 + 0.007X_1 + 0.007X_2 + 0.073X_3 - 0.001X_4 - 0.027X_6 \quad 式(6-6)$$

修正后 R^2 值为0.817,回归方程拟合度很好。回归方程的 Sig 小于0.01,且各个回归系数的 Sig 值均小于0.01,故此方程具有统计学意义。

七、平均峰宽与虚拟织物属性参数

1. 平均峰宽与虚拟织物属性参数相关分析

虚拟织物的平均峰宽与三维服装 CAD 系统中的虚拟织物属性参数的相关分析结果见表6-16。

表6-16 平均峰宽与虚拟织物属性参数相关系统

属性参数	弹力	剪切刚度	弯曲	曲率	弯曲刚度	密度
相关系数	0.035	0.003	0.768**	0.011	0.022	-0.386**

由表6-16平均峰宽与虚拟织物属性参数相关分析结果可知,平均峰宽与虚拟织物的弹力和密度的相关系数为0.035和-0.386,属于弱相关。平均峰宽与虚拟织物的弯曲的相关系数为0.768,属于高度强相关。所以虚拟织物的弯曲和密度都是影响平均峰宽的重要参数。在实际织物实验中,密度和抗弯刚度也是影响平均峰宽的重要参数,这与虚拟织物实验结果是一致的。

2. 建立回归模型

通过逐步线性回归法进行回归分析,最后进入线性回归方程的变量为弹力、弯曲和密度3个变量。在变量选取基础上,将平均峰宽 Y_5 设为因变量,将弹力 X_1、弯曲 X_3、和密度 X_6 为自变量进行逐步线性回归分析,回归分析结果见表6-17。

表 6-17　平均峰宽回归分析结果

项目	非标准化回归系数		标准化回归系数（beta）	t 值	Sig 值
	B	估计标准误差			
常数项	1.770	0.081		21.885	0.000
弹力	0.002	0.001	0.032	2.795	0.005
弯曲	0.108	0.002	0.805	71.173	0.000
密度	−0.033	0.001	−0.452	−39.948	0.000

根据上表 6-7 回归分析结果，得到平均峰宽的回归方程为：

$$Y_7 = 1.770 + 0.002X_1 + 0.108X_3 - 0.033X_6 \qquad 式(6-7)$$

修正后 R^2 值为 0.794，回归方程拟合度很好。回归方程的 Sig 小于 0.01，且各个回归系数的 Sig 值均小于 0.01，故此方程具有统计学意义。

八、小结

在三维服装 CAD 系统中，虚拟织物属性参数与悬垂性指标之间的关系与实际织物对应的悬垂性指标关系基本相符，但平均峰高和谷高与实际织物有所不同，虚拟织物这 2 个指标与弯曲关系最密切，但实际织物却与剪切应力和交织阻力最密切，而交织阻力是纱线间的摩擦产生的，但三维服装 CAD 系统中却没有交织阻力的参数，所以虚拟织物属性参数与实际织物的力学参数并不能一一对应。这也说明了本研究建立回归模型，确立虚拟织物属性参数与实际织物悬垂性指标之间的关系的必要性。

从相关分析和回归分析结果可见，虚拟织物的属性参数与悬垂性指标之间关系密切，回归方程的拟合度都很好，各方程具有统计学意义。

平均峰宽、峰高、谷高和平均波峰夹角、平均波谷夹角都与弯曲和密度 2 个参数显著相关。密度与悬垂系数、平均峰高、平均峰宽呈现负相关，随着密度变大，平均峰高、平均峰宽就会变小。

真实织物的组织结构对织物悬垂性影响也很大，三维服装 CAD 系统中目前还没有针对虚拟织物组织结构设定设置参数。

第三节　虚拟织物悬垂指标的主因子分析

在各研究领域，为全面客观地分析问题，往往要收集所研究对象的多个观察指标的数据。但挨个分析这些指标，无疑会造成片面认识，也不容易得出综合的、一致性很好的结论。主成分分析就是考虑各指标间的相互关系，利用降维的思想把多个指标转换成较少的几个互不相关的综合指标,使进一步研究变得简单的一种统计方法。

因子分析是探索存在相互关系的变量之间,是否存在不能直接观察到但对可观测变量的变化起支配作用的潜在因子的分析方法,是寻找潜在的起支配作用的因子模型的方法。

织物悬垂性表征指标大体分为两类:一是反映悬垂程度的指标,有平面悬垂系数、侧面悬垂系数、动态悬垂系数、织物悬垂经纬向投影长度比等;二是反映悬垂形态的指标,有波纹数、平均半径、悬垂凸条数、折角数、悬垂高、形状系数、波纹曲线的平均波峰夹角、平均峰高、平均波谷高及其不均率和匀称度、硬挺度系数、美感系数、活泼率等。这些众多的表征指标,大部分是学者们在研究过程中或者用不同测试仪器进行指标测试时所提出来的。这些指标间有相互交叉与重复,为简化对实验数据的分析,对织物悬垂指标进行主因子分析是很有必要的。

一、虚拟织物主因子分析

1. 相关性分析

通过在三维服装 CAD 系统中模拟织物的悬垂性能测试,得到虚拟织物的悬垂系数、波纹数、投影面积、平均波峰夹角、波峰夹角不匀率、平均波谷夹角、波谷夹角不匀率、平均峰高、峰高不均率、平均谷高、谷高不均率、平均峰宽、峰宽不均率 13 个织物悬垂性能表征指标,求出了 13 个指标的相关系数矩阵,见表 6-18。

从表 6-18 可以发现,悬垂系数和其他悬垂形态指标之间都有一定的相关性,特别是和投影面积、平均波谷高和平均峰宽相关系数分别为 1、0.991 和 0.924,说明悬垂系数与投影面积、平均波谷高和平均峰宽密切线性相关。分析结果还表明其他变量之间呈较强的线性关系,能够从中提取公共因子,进行因子分析。

2. 特征值和贡献率

在因子分析中,有两种选取主因子的方法:一种是取所有特征值大于 1 的成分作为主成分;第二种是根据累计贡献率达到的百分比来确定,通常根据变量的公共因子方差占总方差贡献最大的原则选取主因子,因子个数 $k(k<m)$,一般由前 k 个公共因子所对应的特征值之和占全部特征值的累积百分数大于 80% 确定,即:

$$(\lambda_1+\lambda_2+\cdots+\lambda_k)/\sum_{i=1}^{m}\lambda_i \geqslant 80\% \qquad\qquad 式(6-8)$$

式中:λ 为特征值;m 为原始变量个数。

则取前 k 个因子作为主成分,并得到悬垂指标相关系数矩阵的特征值和累积方差贡献率,见表 6-19,得到各成分特征值的碎石图,见图 6-3。

表6-18　虚拟织物悬垂指标相关系数

指标	悬垂系数（%）	波纹数（个）	投影面积（cm²）	平均波峰夹角（°）	波峰夹角不匀率	平均波谷夹角（°）	波谷夹角不匀率	平均峰高（cm）	峰高不匀率	平均谷高（cm）	谷高不匀率	平均峰宽（cm）	峰宽不匀率
悬垂系数（%）	1	-0.846(**)	1.000(**)	0.851(**)	0.019(**)	0.850(**)	0.064(**)	-0.719(**)	0.175(**)	0.991(**)	-0.283(**)	0.924(**)	0.197(**)
波纹数（个）	-0.846(**)	1	-0.846(**)	-0.957(**)	0.147(**)	-0.957(**)	0.089(**)	0.263(**)	0.054	-0.774(**)	0.276(**)	-0.892(**)	-0.067(**)
投影面积（cm²）	1.000(**)	-0.846(**)	1	0.851(**)	0.019(**)	0.850(**)	0.064(**)	-0.719(**)	0.175(**)	0.991(**)	-0.283(**)	0.924(**)	0.179(**)
平均波峰夹角（°）	0.851(**)	-0.957(**)	0.851(**)	1	-0.191(**)	1(**)	-0.123(**)	-0.329(**)	-0.081(*)	0.784(**)	-0.332(**)	0.949(**)	0.075
波峰夹角不匀率	0.019(**)	0.147(**)	0.019(**)	-0.191(**)	1	-0.192(**)	0.905(**)	-0.258(**)	0.860(**)	0.086(**)	0.651(**)	-0.101(**)	0.688(**)
平均波谷夹角（°）	0.850(**)	-0.957(**)	0.850(**)	1(**)	-0.192(**)	1	-0.126(**)	-0.328(**)	-0.081	0.783(**)	-0.332(**)	0.949(**)	0.075(*)
波谷夹角不匀率	0.064(**)	0.089(**)	0.064(**)	-0.123(**)	0.905(**)	-0.126(**)	1	-0.281(**)	0.867(**)	0.121(**)	0.498(**)	-0.041(**)	0.824(**)
平均峰高（cm）	-0.719(**)	0.263(**)	-0.719(**)	-0.329(**)	-0.258(**)	-0.328(**)	-0.281(**)	1	-0.424(**)	-0.799(**)	0.194(**)	-0.551(**)	-0.286(**)
峰高不匀率	0.175(**)	0.054	0.175(**)	-0.081(*)	0.860(**)	-0.081	0.867(**)	-0.424(**)	1	0.243(**)	0.511(**)	0.040(**)	0.704(**)
平均谷高（cm）	0.991(**)	-0.774(**)	0.991(**)	0.784(**)	0.086(**)	0.783(**)	0.121(**)	-0.799(**)	0.243(**)	1	-0.249(**)	0.885(**)	0.212(**)
谷高不匀率	-0.283(**)	0.276(**)	-0.283(**)	-0.332(**)	0.651(**)	-0.332(**)	0.498(**)	0.194(**)	0.511(**)	-0.249(**)	1	-0.340(**)	0.335(**)

续表

指标	悬垂系数(%)	波纹数(个)	投影面积(cm²)	平均波峰夹角(°)	波峰夹角不匀率	平均波谷夹角(°)	波谷夹角不匀率	平均峰高(cm)	峰高不匀率	平均谷高(cm)	谷高不均率	平均峰宽(cm)	峰宽不均率
平均峰宽(cm)	0.924(**)	-0.892(**)	0.924(**)	0.949(**)	-0.101(**)	0.949(**)	-0.041(**)	-0.551(**)	0.040(**)	0.885(**)	-0.340(**)	1	0.153(**)
峰宽不均率	0.179(**)	-0.067(**)	0.179(**)	0.075	0.688(**)	0.075(*)	0.824(**)	-0.286(**)	0.704(**)	0.212(**)	0.335(**)	0.153(**)	1

** Correlation is significant at the 0.01 level (2-tailed).

* Correlation is significant at the 0.05 level (2-tailed).

表 6-19　悬垂指标相关系数矩阵特征值和累计方差贡献率表

因子	初始特征值			提取平方和载入		
	合计	方差百分比(%)	累计(%)	合计	方差百分比(%)	累计(%)
1	8.585	50.499	50.499	8.381	49.302	49.302
2	5.222	30.719	81.218	5.410	31.823	81.125
3	1.497	8.805	90.023	1.513	8.898	90.023
4	0.655	3.855	93.878			
5	0.222	2.122	96.000			
6	0.289	1.701	97.701			
7	0.181	1.066	98.767			
8	0.083	0.487	99.254			
9	0.059	0.345	99.599			
10	0.033	0.193	99.792			
11	0.021	0.124	99.916			
12	0.009	0.055	99.971			
13	0.004	0.023	99.995			
……						

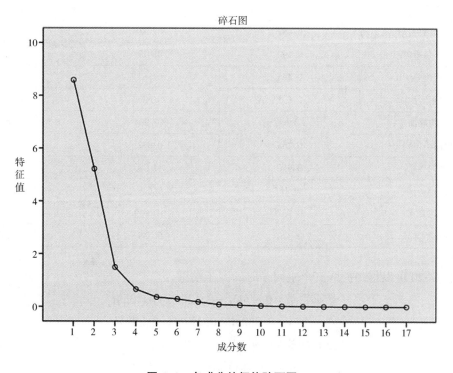

图 6-3　各成分特征值碎石图

根据特征值大于 1 的成分为主成分的判定原则,表 6-19 中前 3 个因子特征值大于 1,所以选取前 3 个成分为主成分,并且前 3 个因子的特征值之和为 90.023%,即能够解释原始 17 个变量的大部分信息。通过主成分分析可以相当程度地减少原始数据的复杂性。

分析碎石图可以看出因子 1 与因子 2,因子 2 和因子 3,因子 3 和因子 4 之间的特征值差值比较大,而其他因子之间的特征值差值均比较小。可以初步得出保留三个因子将能概括绝大部分信息,因此适合提取 3 个主因子。

3. 因子载荷矩阵及命名

采用主成分分析法求得公共因子载荷矩阵。未做旋转之前的因子载荷表见表 6-20,表 6-20 显示了原始变量与主成分之间的相关程度。

表 6-20　旋转前公共因子载荷表

	因子		
	1	2	3
悬垂系数	0.974	−0.120	−0.135
波纹数	−0.883	0.297	−0.287
投影面积	0.974	−0.120	−0.135
投影周长	−0.514	0.177	−0.725
形状因子	0.974	−0.142	−0.024
平均波峰夹角	0.888	−0.335	0.183
波峰夹角不匀率	0.144	0.963	0.057
平均波谷夹角	0.887	−0.336	0.185
波谷夹角不匀率	0.190	0.929	−0.022
方位差	0.425	0.861	0.117
方向不对称度	0.691	0.630	0.115
平均峰高	−0.642	−0.204	0.680
峰高不匀率	0.265	0.882	−0.119
平均谷高	0.956	−0.046	−0.220
谷高不匀率	−0.183	0.679	0.476
平均峰宽	0.937	−0.239	−0.035
峰宽不匀率	0.310	0.749	−0.007

由表 6-20 可以得到提取三个主因子时的因子模型。

$$悬垂系数 = 0.974M_1 - 0.120M_2 - 0.135M_3 \qquad 式(6-9)$$
$$波纹数 = -0.883M_1 + 0.297M_2 - 0.287M_3 \qquad 式(6-10)$$
$$投影面积 = 0.974M_1 - 0.120M_2 - 0.135M_3 \qquad 式(6-11)$$
$$投影周长 = -0.514M_1 + 0.177M_2 - 0.725M_3 \qquad 式(6-12)$$
$$形状因子 = 0.974M_1 - 0.142M_2 - 0.024M_3 \qquad 式(6-13)$$

$$平均波峰夹角 = 0.888M_1 - 0.335M_2 + 0.183M_3 \qquad 式(6-14)$$

$$波峰夹角不匀率 = -0.144M_1 + 0.963M_2 + 0.057M_3 \qquad 式(6-15)$$

$$平均波谷夹角 = 0.887M_1 - 0.336M_2 + 0.185M_3 \qquad 式(6-16)$$

$$波谷夹角不匀率 = 0.190M_1 + 0.929M_2 - 0.022M_3 \qquad 式(6-17)$$

$$方位差 = 0.425M_1 + 0.861M_2 + 0.117M_3 \qquad 式(6-18)$$

$$方向不对称度 = 0.691M_1 + 0.630M_2 + 0.115M_3 \qquad 式(6-19)$$

$$平均峰高 = -0.642M_1 - 0.204M_2 + 0.680M_3 \qquad 式(6-20)$$

$$峰高不均率 = 0.265M_1 + 0.882M_2 - 0.119M_3 \qquad 式(6-21)$$

$$平均谷高 = 0.956M_1 - 0.046M_2 - 0.220M_3 \qquad 式(6-22)$$

$$谷高不均率 = -0.183M_1 + 0.679M_2 + 0.476M_3 \qquad 式(6-23)$$

$$平均峰宽 = 0.937M_1 - 0.239M_2 - 0.035M_3 \qquad 式(6-24)$$

$$峰宽不均率 = 0.310M_1 + 0.749M_2 - 0.007M_3 \qquad 式(6-25)$$

其中 M_1、M_2、M_3 为提取出来的三个主因子。

从表6-20可以看出,第一主成分与悬垂系数、波纹数、投影面积、形状因子、平均波峰夹角、平均波谷夹角、平均峰高、平均谷高、平均峰宽相关较高。第二主成分与波峰夹角不匀率、波谷夹角不匀率、峰高不均率、谷高不均率和峰宽不匀率相关性较高。第三主成分与投影周长、平均峰高相关性较高。虽然由表6-20可以得到三个公共因子,但是要对因子命名并不容易,因为满足模型要求的共性因子并不唯一,只要对初始共性因子进行旋转,就可以获得一组新的共性因子。旋转就是一种坐标变换,在旋转后的新坐标系中,因子载荷将得到重新分配,使公因子负荷系数向更大(向1)或更小(向0)方向变化,因此,对公因子的命名和解释变得更加容易。所以选择方差最大旋转方法,方差最大旋转可以使共性因子上的相对载荷平方的方差之和达到最大,并保证原共性因子之间的正交性和共性方差总和不变。

旋转之后的因子载荷表见表6-21。第一主成分与悬垂系数、波纹数、投影面积、平均波峰夹角、平均波谷夹角、平均谷高、平均峰宽密切相关,为织物悬垂程度因子;第二主成分与波峰夹角不匀率、波谷夹角不匀率、峰高不均率、谷高不均率、峰宽不均率密切相关,为织物悬垂不均匀因子;第三主成分与投影周长、平均峰高密切相关,为悬垂形态因子。

表6-21 旋转后公共因子载荷表

	因子		
	1	2	3
悬垂系数	0.965	0.124	0.185
波纹数	-0.941	0.038	0.253
投影面积	0.965	0.124	0.185
投影周长	-0.572	-0.016	0.703
形状因子	0.976	0.112	0.073
平均波峰夹角	0.951	-0.081	-0.152

	因子		
	1	2	3
波峰夹角不匀率	−0.109	0.970	0.012
平均波谷夹角	0.951	−0.082	−0.153
波谷夹角不匀率	−0.059	0.942	0.091
方位差	0.191	0.947	−0.038
方向不对称度	0.508	0.793	−0.035
平均峰高	−0.538	−0.310	−0.728
峰高不匀率	0.022	0.909	0.189
平均谷高	0.926	0.184	0.272
谷高不匀率	−0.334	0.643	−0.443
平均峰宽	0.964	0.008	0.075
峰宽不匀率	0.104	0.800	0.072

二、总结

通过主因子分析法,将表达虚拟织物悬垂性的 17 个指标综合为三个主因子,即织物悬垂程度因子、织物悬垂不均匀因子和织物悬垂形态因子,这三个主因子的累计贡献率达 90.023%,基本反映了虚拟织物悬垂特性所包含的信息,达到了进行因子分析的目的,大大简化了数据的运算过程。

本研究目前是基于经纬相近虚拟织物的悬垂性实验,所以得到的悬垂形态非常接近对称,使得虚拟织物提取的主因子数少于真实织物提取的主因子数,排除这个影响因子,虚拟织物主因子分析结果和真实织物主因子分析结果是基本一致的。

第四节 虚拟精纺毛织物的悬垂性能模拟研究

通过前两节的分析研究与验证发现,采用 2205 组数据建立的回归模型,对于大多数织物的主要悬垂性指标的模拟都存在一定的差异,这主要是因为对于不同材质的织物与虚拟织物属性参数之间的相关性不同,有的与弯曲相关性高,有的却与密度相关性高,故不能仅以几个主要的悬垂指标建立可以覆盖所有织物的回归方程,如悬垂系数、波纹数、平均峰高等。为了更加准确地预测虚拟织物的悬垂形态,本研究对不同材质的织物进行分类,对每种织物悬垂指标求取回归方程,以更加准确预测虚拟织物的悬垂形态。本节以精纺毛织物为例,讲述虚拟精纺毛织物的模拟研究。读者可参照此方法,对其他类型的织物进行分析研究。

一、虚拟织物悬垂指标与其属性参数的相关分析

本研究主要针对精纺毛织物,选择具有代表性的 41 块精纺毛织物,用 YG811L 型织物动态悬垂性风格仪在静态下测量织物,YG811L 型织物动态悬垂性风格仪测量的织物静态指标包括悬垂系数、悬垂度、投影等效圆直径、投影周长、织物两波谷之间面积的平均差率、织物波峰(或波谷)处半径的平均差率、悬垂曲线(或波纹)形态系数、悬垂波数、悬垂曲线(波纹)均匀度、波峰与波谷之间夹角的平均差率、美感系数、活泼率。由于仪器所提供的指标有限,本研究采用北京服装学院张辉博士研发的 Draping Image Processing 软件,利用 YG811L 型织物动态悬垂性风格仪产生的图像,补充求得 41 块精纺毛织物的其他悬垂性指标。

由 41 块精纺毛织物悬垂性能指标试验结果得知,这 41 块精纺毛织物的悬垂系数集中分布在 24~53,波纹数集中分布在 4.8~6。由于不同种类的织物悬垂性能存在差异,悬垂系数与波纹数集中分布的范围也不一样,为了准确地模拟精纺毛织物的悬垂性能,从最初的 2205 组虚拟织物实验数据中筛选出符合精纺毛织物悬垂系数和波纹数的实验组,共 198 组。利用这 198 组数据对虚拟织物悬垂性指标与其属性参数进行相关分析,分析结果见表 6-22。

表 6-22 虚拟织物悬垂性指标与三维服装 CAD 软件中虚拟织物属性参数的相关分析结果

悬垂指标		属性参数					
		弹力	剪切刚度	弯曲	曲率	弯曲刚度	密度
悬垂系数	Pearson 系数	0.160	0.149	0.767	-0.109	0.093	-0.252
	显著性	0.003	0.011	0.045	0.033	0.047	0.000
波纹数	Pearson 系数	0.151	0.156	-0.762	0.017	0.068	-0.131
	显著性	0.005	0.004	0.000	0.046	0.026	0.013
形状因子	Pearson 系数	0.179	0.201	-0.769	-0.103	0.103	-0.259
	显著性	0.001	0.000	0.044	0.041	0.041	0.000
平均波峰夹角	Pearson 系数	-0.140	-0.145	0.740	-0.027	-0.058	0.127
	显著性	0.009	0.007	0.000	0.043	0.164	0.016
平均波谷夹角	Pearson 系数	-0.137	-0.146	0.740	-0.025	-0.057	0.128
	显著性	0.010	0.007	0.000	0.037	0.048	0.015
平均峰高	Pearson 系数	-0.250	-0.340	0.415	0.078	-0.110	0.328
	显著性	0.000	0.000	0.000	0.045	0.031	0.000
平均谷高	Pearson 系数	0.230	0.250	-0.724	-0.083	0.115	-0.311
	显著性	0.000	0.000	0.032	0.049	0.025	0.000
平均峰宽	Pearson 系数	-0.104	-0.066	0.768	-0.100	-0.008	0.028
	显著性	0.041	0.014	0.000	0.047	0.450	0.320

从表 6-22 数据可知,悬垂系数、波纹数、平均波谷夹角、平均峰高、平均谷高 5 个指标与虚拟织物属性参数中的弹力、剪切刚度、弯曲、曲率、弯曲刚度、密度存在相关性,显著性均小于

0.05。除了平均峰高与弯曲中度相关,其他指标均与弯曲高度相关;各悬垂性指标与弹力、剪切刚度、密度弱相关或非常弱相关,与曲率、弯曲刚度非常弱相关。由此可推断,在三维模拟软件中,弯曲是影响虚拟织物悬垂性能的重要参数。

二、建立虚拟织物属性参数与悬垂性指标的回归方程

分别以悬垂系数、波纹数、形状因子、平均波峰夹角、平均波谷夹角、平均峰高、平均谷高、平均峰宽为因变量,以弹力、剪切刚度、弯曲、曲率、弯曲刚度、密度为自变量进行线性回归分析。回归方程见式(6-26)~式(6-33),线性回归方程修正 R^2 见表6-23。

表6-23　线性回归方程修正 R^2

因变量	悬垂系数 Y_1	波纹数 Y_2	形状因子 Y_3	平均波峰夹角 Y_4	平均波谷夹角 Y_5	平均峰高 Y_6	平均谷高 Y_7	平均峰宽 Y_8
修正 R^2	0.444	0.129	0.313	0.174	0.172	0.359	0.550	0.234

$$Y_1 = 25.957 + 0.08X_1 + 0.064X_2 + 0.734X_3 - 0.058X_4 + 0.037X_5 - 0.312X_6 \qquad 式(6-26)$$
$$Y_2 = 6.584 - 0.028X_3 + 0.007X_6 \qquad 式(6-27)$$
$$Y_3 = 0.501 + 0.001X_1 + 0.003X_3 - 0.001X_6 \qquad 式(6-28)$$
$$Y_4 = 46.671 + 0.4X_3 - 0.116X_6 \qquad 式(6-29)$$
$$Y_5 = 46.618 + 0.402X_3 - 0.117X_6 \qquad 式(6-30)$$
$$Y_6 = 3.755 - 0.005X_1 - 0.005X_2 - 0.024X_3 + 0.02X_4 - 0.02X_5 + 0.013X_6 \qquad 式(6-31)$$
$$Y_7 = 6.614 + 0.005X_1 + 0.005X_2 + 0.021X_3 - 0.003X_4 + 0.002X_5 - 0.01X_6 \qquad 式(6-32)$$
$$Y_8 = 2.776 + 0.002X_1 + 0.042X_3 - 0.003X_4 - 0.014X_6 \qquad 式(6-33)$$

式中:X_1 为弹力,X_2 为剪切刚度,X_3 为弯曲,X_4 为曲率,X_5 为弯曲刚度,X_6 为密度。

在这198组虚拟织物测试数据中,虚拟织物的参数属性弯曲与其他属性参数的相关线性方程如式(6-34),修正 $R^2 = 0.759$。

$$X_3 = 28.772 - 0.069X_1 - 0.049X_2 + 0.352X_6 \qquad 式(6-34)$$

对于服装而言,底摆波纹数、底摆展角是评价其悬垂性的主要指标,而底摆展角与平均峰高紧密相关。因此悬垂系数、波纹数、平均峰高可以作为虚拟服装的重要悬垂指标。为控制变量个数,固定对虚拟织物悬垂系数及波纹数影响较小的属性参数取值,其中 Buckling Ratio 和弯曲刚度取中间值50。将曲率和弯曲刚度不作为回归方程变量,再次建立悬垂系数、波纹数和平均峰高回归方程见式(6-35)~式(6-37)。

$$Y_1 = 26.915 + 0.077X_1 + 0.059X_2 + 0.665X_3 - 0.289X_6 \qquad 式(6-35)$$
$$Y_2 = 6.584 - 0.028X_3 + 0.007X_6 \qquad 式(6-36)$$
$$Y_6 = 3.254 - 0.004X_1 - 0.014X_3 + 0.01X_6 \qquad 式(6-37)$$

三、织物悬垂系数验证试验

应用三维服装虚拟软件模拟服装时,在这些悬垂性参数指标中,悬垂系数、波纹数以及平均

峰高是评价服装的悬垂性主要指标。将41块精纺毛织物的悬垂系数、波纹数和平均峰高数值带入到线性方程组[式(6-34)~式(6-37)]中,求得41块精纺毛织物在三维服装虚拟软件中对应的各属性参数值见表6-24,并将相应值输入服装三维虚拟软件中。对每块织物(组数据)进行6次悬垂性模拟实验,求取平均值和标准差,得出虚拟织物的3项主要悬垂性描述指标,并与真实织物的相应悬垂性指标测量结果对比,见表6-25。

表6-24　精纺毛织物在三维服装虚拟软件中对应的各属性参数值

编号	弹力	剪切刚度	弯曲	曲率	弯曲刚度	密度
1	95	5	27	50	50	21
2	44	5	46	50	50	27
3	5	95	20	50	50	10
4	95	5	60	50	50	95
5	5	95	60	50	50	95
6	95	5	60	50	50	95
7	91	5	27	50	50	10
8	95	5	60	50	50	95
9	95	5	60	50	50	95
10	28	5	54	50	50	89
11	95	5	27	50	50	20
12	95	95	54	50	50	95
13	82	5	50	50	50	87
14	95	5	60	50	50	95
15	95	5	60	50	50	95
16	95	5	60	50	50	93
17	95	5	58	50	50	95
18	95	5	60	50	50	95
19	5	5	20	50	50	10
20	5	5	53	50	50	95
21	5	5	50	50	50	85
22	5	5	40	50	50	40
23	5	5	50	50	50	70
24	5	5	46	50	50	46
25	90	5	60	50	50	95
26	85	5	43	50	50	45
27	52	5	50	50	50	70
28	85	5	46	50	50	48

编号	弹力	剪切刚度	弯曲	曲率	弯曲刚度	密度
29	95	5	60	50	50	95
30	95	5	50	50	50	90
31	80	5	60	50	50	95
32	5	5	20	50	50	20
33	5	61	50	50	50	95
34	95	95	50	50	50	95
35	5	5	53	50	50	74
36	5	5	50	50	50	60
37	79	5	52	50	50	73
38	5	5	40	50	50	40
39	42	5	50	50	50	89
40	67	5	55	50	50	97
41	5	5	52	50	50	90

表 6-25　精纺毛织物和虚拟丝织物的主要悬垂性描述指标的结果对比

编号	丝织物织物			虚拟丝织物		
	悬垂系数（%）	波纹数	平均峰高（cm）	悬垂系数（%）	波纹数	平均峰高（cm）
1	48.39±2.64	6.00±0.00	2.63±0.26	45.70±0.73	6.00±0.00	3.00±0.24
2	40.98±1.83	5.67±0.52	2.78±0.29	41.10±1.48	5.67±0.52	2.97±0.37
3	44.35±2.76	5.33±0.00	3.05±0.06	48.41.±2.67	5.67±0.52	2.66±0.26
4	45.58±1.86	5.50±0.55	2.72±0.34	47.54±1.52	5.33±0.52	3.19±0.38
5	39.61±1.49	5.00±0.00	3.52±0.17	45.76±1.59	5.33±0.52	3.01±0.34
6	43.29±2.68	5.50±0.55	2.91±0.31	46.00±1.52	5.33±0.52	3.19±0.38
7	46.09±0.65	6.00±0.00	2.49±0.03	56.06±1.45	5.83±0.26	2.30±0.25
8	39.88±1.53	5.67±0.52	2.78±0.53	46.00±1.52	5.33±0.52	3.19±0.38
9	42.81±2.72	5.50±0.55	2.87±0.22	46.00±1.52	5.33±0.52	3.19±0.38
10	37.98±1.89	5.50±0.55	3.21±0.35	40.76±0.66	5.17±0.26	3.79±0.03
11	41.89±2.14	6.00±0.00	2.29±0.80	43.60±0.75	6.00±0.00	2.95±0.09
12	53.32±3.10	5.00±0.00	2.73±0.06	53.76±0.11	6.00±0.00	2.75±0.01
13	37.27±2.43	5.50±0.55	2.90±0.48	40.46±1.57	5.67±0.52	3.32±0.43
14	43.26±1.54	5.50±0.55	2.88±0.30	46.00±1.52	5.33±0.52	3.19±0.38
15	41.07±2.56	5.50±0.84	3.02±0.45	46.00±1.52	5.33±0.52	3.19±0.38
16	45.96±1.93	5.50±0.55	2.83±0.46	50.84±1.56	5.00±0.00	3.20±0.08

续表

编号	丝织物织物			虚拟丝织物		
	悬垂系数 （%）	波纹数	平均峰高 （cm）	悬垂系数 （%）	波纹数	平均峰高 （cm）
17	41.91±1.60	5.33±0.52	3.01±0.36	43.42±1.07	5.67±0.52	3.12±0.36
18	49.41±3.05	5.33±0.52	2.67±0.41	47.54±0.52	5.33±0.52	3.09±0.38
19	38.96±1.45	6.50±0.55	2.68±0.40	37.28±0.77	6.83±0.26	2.92±0.12
20	32.79±2.26	5.33±0.52	3.75±0.72	30.86±1.46	5.33±0.52	3.64±0.25
21	37.61±2.05	5.67±0.50	3.21±0.81	35.03±0.57	6.33±0.52	3.12±0.26
22	35.44±2.36	5.83±0.98	3.30±0.77	35.50±0.58	6.67±0.52	3.08±0.27
23	36.34±0.97	5.50±0.55	3.56±0.94	35.74±0.92	5.50±0.45	3.63±0.32
24	39.01±1.54	5.83±0.41	2.82±0.23	36.62±1.20	6.33±0.52	3.05±0.28
25	39.92±2.89	5.33±1.03	3.38±1.29	45.40±0.02	5.00±0.00	3.51±0.01
26	43.12±1.61	5.83±0.75	2.92±0.47	43.66±0.50	5.56±0.46	3.22±0.28
27	36.44±1.42	5.17±0.41	3.58±0.46	40.02±1.30	5.67±0.52	3.38±0.40
28	42.47±1.65	5.67±0.50	2.91±0.43	42.68±1.21	5.33±0.52	3.49±0.39
29	41.59±1.34	5.17±0.41	3.01±0.26	47.54±1.52	5.33±0.52	3.19±0.38
30	37.52±2.98	5.67±0.50	3.28±0.28	35.61±0.52	6.00±0.00	3.45±0.04
31	36.45±1.84	5.00±0.63	3.58±1.02	39.25±0.91	5.00±0.00	3.51±0.05
32	24.84±1.94	6.50±0.55	3.42±0.27	29.12±0.10	7.00±0.00	3.20±0.01
33	34.96±1.43	5.33±0.52	3.50±1.10	28.91±0.25	7.33±0.52	2.85±0.18
34	43.02±2.08	4.83±0.41	3.53±0.77	41.67±0.40	6.00±0.00	3.10±0.02
35	47.89±3.12	5.33±0.82	2.83±0.55	44.20±0.53	5.00±0.00	3.49±0.02
36	34.23±2.61	5.50±0.55	3.41±0.48	36.40±0.37	5.33±0.52	3.46±0.28
37	42.03±1.78	5.67±0.52	2.83±0.36	44.25±2.54	5.33±0.52	3.22±0.17
38	38.30±2.41	5.83±0.41	2.82±0.31	35.36±1.59	6.67±0.52	3.14±0.32
39	38.22±1.95	5.67±0.50	3.26±0.34	36.31±0.15	6.00±0.00	3.57±0.21
40	37.23±2.15	5.50±0.55	3.38±0.34	34.54±0.32	5.67±0.52	3.72±0.36
41	36.09±1.74	5.67±0.52	3.31±0.75	33.90±1.06	6.00±0.00	3.29±0.11

　　将41块虚拟精纺毛织物的悬垂系数、波纹数及平均峰高与41块精纺毛织物的对应悬垂性指标进行均值比较。配对样本 t 检验是用来检验两个相关样本总体的均值是否存在显著差异性的常用方法。利用 SPSS 对41块虚拟精纺毛织物的悬垂系数、波纹数及平均峰高与41块精纺毛织物的对应悬垂性指标进行均值比较。经 t 检验，除5、7、8、15、16、29、33号织物外，大多数虚拟织物的悬垂系数与真实精纺毛织物的悬垂系数均无显著性差异（$P<0.05$）；除3、12、21、33、34及38号外，大多数虚拟织物的波纹数与真实精纺毛织物的波纹数均无显著性差异（$P<$

0.05）。除 5、10 及 35 号外,大多数虚拟织物的平均峰高与真实精纺毛织物的平均峰高无显著性差异($P<0.05$)。

由真实精纺毛织物与虚拟精纺毛织物的主要悬垂性指标的 t 检验结果可以看出,本研究对精纺毛织物的主要悬垂性指标模拟效果比较好,仅有 7 块织物的悬垂系数有显著差异,6 块织物波纹数存在显著差异,3 块织物平均峰高存在显著差异,大多数织物的 3 个悬垂性指标模拟无显著差异。多数产生显著差异的数据出现在弹力、剪切刚度、密度 3 个虚拟织物的属性参数值在取值范围两端的情况下(5 或 95)。由于计算机是以粒子网格方式来模拟织物,必然会与真实验织物有一定的差异。同时粒子间距也是影响模拟效果的重要因素。粒子间距越小,模拟越精细,但模拟速度越慢。本研究采用的粒子间距为 5mm。当粒子间距小于 5mm 时,模拟速度会非常缓慢,试验时间会成指数倍增加。

事实上,真实织物测量时悬垂系数也存在差异较大的情况,有时可高达 10%。而且,在对服装进行三维模拟时,客观评价指标如悬垂系数和平均峰高的较小差异,无法用肉眼看出对服装所产生的细微差异,因此,对服装进行三维模拟时悬垂性指标允许在一定范围波动。本研究通过悬垂系数、波纹数及平均峰高 3 个参数,利用回归方程求解计算机三维环境下的虚拟织物物理指标的方法,可以比较好地在三维服装 CAD 软件中模拟大多数精纺毛织物的悬垂形态,进而为在计算机三维环境下更准确地模拟精纺毛织物的服装形态提供帮助。

四、总结

通过在三维服装 CAD 软件中建立虚拟织物,并调节虚拟织物在软件中 6 个属性参数,进行虚拟织物的垂悬性试验。对虚拟织物的属性参数与虚拟织物的悬垂系数、波纹数、形状因子、平均波峰夹角、平均波谷夹角、平均峰高、平均谷高、平均峰宽 8 个织物悬垂性指标进行线性回归分析,并得到虚拟织物属性参数弹力、剪切刚度、弯曲、密度间的回归方程。最终推导出虚拟织物的悬垂性描述指标与虚拟织物属性参数弹力、剪切刚度、弯曲、密度的线性关系,得到 3 个线性回归方程。针对精纺毛织物,将真实精纺毛织物的悬垂指标与虚拟精纺毛织物对应的悬垂性指标进行对比检验,虚拟精纺毛织物的悬垂性能模拟结果基本符合预期,可以为在计算机三维环境中比较真实地模拟精纺毛织物的服装提供有价值参考。

本研究中的虚拟织物粒子间距设置为 5mm,更小的粒子间距是否能够进一步提高虚拟织物悬垂性能的模拟效果,还需要在计算机运算速度有较大提升后,再进一步研究与验证。

第五节 虚拟精纺毛织物半圆裙的模拟验证研究

本节在第四节虚拟精纺毛织物的悬垂性模拟研究的基础上,创建虚拟服装,基于上节虚拟精纺毛织物悬垂性指标与虚拟织物属性参数的回归模型,验证虚拟服装的模拟效果。服装款式选择半圆裙。因为半圆裙的款式普及,波浪丰富,裙身活络,是验证悬垂预测方程的理想研究对象。

一、试样的准备

本节从上节真实精纺毛织物中选择 2 块织物,一块是织物悬垂效果模拟比较好的 2#织物,一块是悬垂模拟时波纹数稍有差异 3#织物,对这 2 块织物的基本参数和悬垂指标见表6-26。

表 6-26 试样的成分及悬垂指标

编号	原料	厚度(mm)	克重(g)	悬垂系数(%)	波纹数(个)	平均峰高(cm)
1	全羊毛	328	0.698	40.98	5.67	2.78
2	全羊毛	278	0.602	44.35	5.00	3.05

二、样板设计与制作

1. 样板设计

依据 160/64A 的人台设计样板,成品尺寸腰围为 64cm,臀围为 88cm,裙长为 55cm,腰头宽 3cm,为了减少缝合过程中造成的误差,尽量减少缝合线数量,样板包括前身、后身和腰头共三片,见图 6-4。

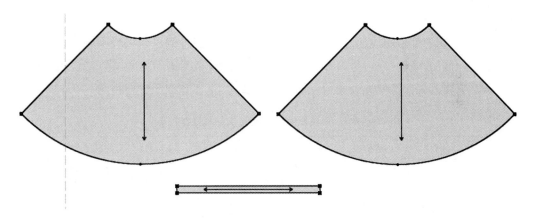

图 6-4 裙身、腰头样板图

2. 样衣制作

将选择的两块精纺毛织物各制作一件样裙。2 件样裙的整套流程均采用相同的设备和工序以减少误差。规范使用熨斗熨烫,否则裙子易发生变形,影响悬垂外观形态。

3. 创建虚拟服装

将服装 CAD 纸样设计软件创建的样板导出为 AAMA DXF 文件。在 CLO3D 软件中调整虚拟模拟尺寸,导入样板 AAMA DXF 文件,进行缝纫及模拟试衣。

三、虚拟服装外观风格模拟验证

1. 真实半圆裙外观形态采集

图像处理技术是处理服装悬垂外观形态比较理想的方法。本文使用数码相机拍摄半圆裙的悬垂形态,进行图像采集。拍摄时将相机参数统一设置,避免机器原因对半圆裙的外观形态评价产生影响,拍摄之前将半圆裙穿在人台上,将人台固定,沿顺时针和逆时针方向各旋转三圈,并静置约 5 分钟,使裙子完全自然悬垂、无死角贴合人台,保持相机与人台的距离不变,避免对实验结果产生影响,获取每种半圆裙正面、背面、左侧面及裙摆正下方四个方向真实图片,共计 36 图片。

2. 半圆裙外观形态提取指标的确定

半圆裙的外观形态包括服装轮廓造型,轮廓造型主要是指服装在人体人台着装后所形成的体积、空间、廓形变化的状况。选取正面裙身展开角、侧面裙身展开角、裙摆面积、裙摆平均波峰半径、裙摆平均波谷半径、裙摆波褶数、正面裙摆展角、侧面裙摆展角、正面裙摆宽、侧面裙摆厚度、波褶振幅形态比、波褶张开角形态比等造型指标,对比真实半圆裙与虚拟半圆裙相应指标数值之间的差异。虚拟半圆裙图像与真实半圆裙在像素上存在较大差别,即使经过处理也很难保证其准确性,许多半圆裙造型客观评价指标进行对比较难以实行。因此,本节验证是通过对比半圆裙正面、背面、右侧面的波纹数,以及裙摆总波纹数及裙摆展开角度来进行的。

3. 虚拟半圆裙外观形态采集

针对已经缝纫与模拟完成的虚拟半圆裙进行面料物理属性的设置,属性参数的数值输入为真实面料反推出来的属性参数,见表 6-27。分别设置两件半圆裙面料的属性参数值,模拟完成后,以截屏方法获得 2 件虚拟半圆裙的正面、侧面、背面、正下方四个方向视图。

表 6-27　真实织物对应模拟织物属性参数表

编号	原料	弹力	剪切刚度	弯曲	曲率	弯曲刚度	密度
1	100%毛	44	5	46	50	50	27
2	100%毛	5	95	20	50	50	10

4. 虚拟服装效果和真实服装效果对比与分析

虚拟服装效果和真实服装效果对比验证中,对比正面、侧面、背面、正下方总波纹数以及正面裙摆展角和侧面裙摆展角,见表 6-28。

表 6-28　虚拟半圆裙与真实半圆裙各项参数对比

编号	半圆裙	正面波纹数(个)	背面波纹数(个)	侧面波纹数(个)	裙摆波纹数(个)	正面裙摆展角(°)	侧面裙摆展角(°)
1	半圆裙	5	5	3	9	13	11
	虚拟半圆裙	5	5	3	9	13	11

编号	半圆裙	正面波纹数(个)	背面波纹数(个)	侧面波纹数(个)	裙摆波纹数(个)	正面裙摆展角(°)	侧面裙摆展角(°)
2	半圆裙	4	4	3	8	13	11
	虚拟半圆裙	4	4	3	8	13	11.5

两块精纺毛织物虚拟半圆裙与真实半圆裙正面、背面、侧面和底面图像见图 6-5 和图 6-6。

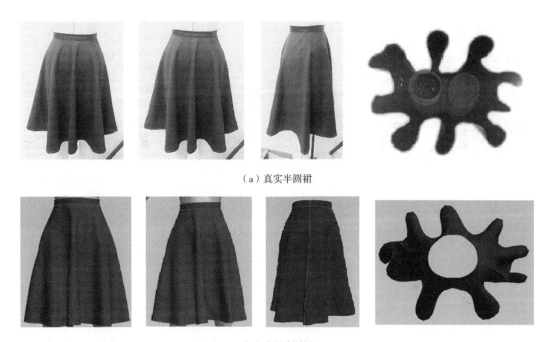

（a）真实半圆裙

（b）虚拟半圆裙

图 6-5　织物 1 虚拟半圆裙与真实半圆裙正面、背面、侧面和底面图

根据表 6-28 数据可以看出,两块精纺毛织物的半圆裙与其对应的虚拟半圆裙对比,除第 2 块面料的半圆裙的侧面裙摆展角稍有 0.5 的差异外,其他指标无差异。由图可以看出两个半圆裙的正面、背面、侧面相近,而底视图差异比较大。虚拟半圆裙的底视图比较规整,曲线比较圆顺,而真实服装虽然在拍照前进行了精心的熨烫,第二块面料的底视图仍然不够规整,波纹不均的程度比较高。

四、总结

本节在虚拟精纺毛织物悬垂性研究的基础上,利用得到的回归方程,通过两块精纺毛织物的半圆裙进行服装的验证,将虚拟半圆裙与真实半圆裙进行对比分析。虚拟半圆裙外观形态与真实织物的半圆裙外观形态比较吻合。

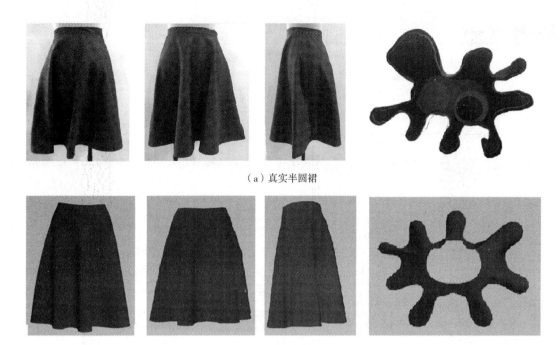

（a）真实半圆裙

（b）虚拟半圆裙

图 6-6　织物 2 虚拟半圆裙与真实半圆裙正面、背面、侧面和底面图

参考文献

[1]张辉,陈丽华.基于面料搭配功能的三维服装展示程序的研发:北京服装学院教学成果集萃暨教研文集[C].北京:中国纺织出版社有限公司,2019.

[2]秦晓楠,张辉.服装虚拟技术研究现状[J].纺织科技进展,2020(5):8-10+24.

[3]CLO帮助中心,有什么为您效劳的吗?[EB/OL].[2020-06-06].https://support.clo3d.com/hc/zh-cn.

[4]韩新叶,张辉.基于CLO3D的虚拟织物悬垂性能评价主因子分析[J].纺织科技进展,2017.

[5]周琦,张辉.虚拟精纺毛织物的悬垂性能模拟研究[J].现代纺织技术,2020,28(2):29-34.

[6]云畅,张辉.CLO3D下的经纬异性织物悬垂性模拟研究[J].北京服装学院学报:自然科学版,2017,37(2):33-39.